本书由国家自然科学基金项目(编号：41801229)、国家重点研发计划项目（子课题）(编号：2020YFD1100201)、北京建筑大学建大英才培养计划项目(编号：JDYC20200328)、北京市属高校基本科研业务费项目(编号：X20153)资助出版

涡旋光束的传输特性

黎芳　王坚　著

WUHAN UNIVERSITY PRESS
武汉大学出版社

图书在版编目(CIP)数据

涡旋光束的传输特性/黎芳,王坚著.—武汉:武汉大学出版社,
2023.6(2023.11重印)
ISBN 978-7-307-23614-1

Ⅰ.涡…　Ⅱ.①黎…　②王…　Ⅲ.光传输技术—研究　Ⅳ.TN818

中国国家版本馆 CIP 数据核字(2023)第 114809 号

责任编辑:鲍　玲　　　责任校对:汪欣怡　　　版式设计:马　佳

出版发行:**武汉大学出版社**　(430072　武昌　珞珈山)
(电子邮箱:cbs22@ whu.edu.cn 网址:www.wdp.com.cn)
印刷:武汉邮科印务有限公司
开本:720×1000　1/16　印张:10　字数:237 千字　插页:1
版次:2023 年 6 月第 1 版　　2023 年 11 月第 2 次印刷
ISBN 978-7-307-23614-1　　定价:45.00 元

前　言

　　涡旋光束是近年来国际上研究的热点领域之一，它具有普通光束所没有的独特性质：相位波前为螺旋结构，光强分布为环形，光场振幅中具有相位因子 $\exp(il\varphi)$，l 称为拓扑荷。除此以外，还有尤为重要的一点就是每个光子具有确定的轨道角动量，这一特性使得涡旋光束在许多领域存在重要的潜在应用价值，因此，自 1992 年 L. Allen 确认这一特性后，涡旋光束便迅速引起国内外学者的大量关注并进一步得到研究，已经在量子信息编码、空间信息传输与通信、遥感成像、光学微操纵、生物医学等领域得到了广泛且重要的应用。

　　掌握涡旋光束的传输特性对于促进涡旋光束理论的发展及推动其应用具有非常重要的意义。本书是作者根据自己多年涡旋光束相关研究的科研成果总结提炼而成的。系统阐述了涡旋光束的产生、探测方法以及在不同介质中的传输特性。主要内容包括：涡旋光束的基本理论、类型和应用；涡旋光束的产生与探测；涡旋光束在自由空间中的传输过程及特性；涡旋光束在不同强度的湍流大气中的传输过程及特性；部分相干涡旋光束的传输特性；涡旋光束在非傍轴近似下的传输特性。

　　本书得以付梓，要感谢以下同学兢兢业业致力于涡旋光束方面的研究工作：申辰、李润豪、杨傲。另外，还要感谢刘慧、史洪印、江月松、欧军四位老师的付出与所做的工作，在此表示衷心的感谢！

　　本书有关科研工作的完成得益于国家重点研发计划项目（子课题）（编号：2020YFD1100201）、国家自然科学基金（编号：41801229）、北京建筑大学建大英才培养计划（编号：JDYC20200328）、北京市属高校基本科研业务费项目（编号：X20153）资助，谨在此一并致谢。

　　由于作者水平和时间有限，本书中仍可能有不妥与疏漏，恳请读者批评指正。

作　者

2022 年 6 月 7 日

目　录

第1章 绪 论

涡旋光束是近年来国际上研究的热点领域之一，它具有普通光束所没有的独特性质，如暗中空光强结构，携带确定的轨道角动量 $\hbar l$ [1]，l 称为拓扑荷。这些特性使得涡旋光束在许多领域存在重要的应用价值，已经在量子信息编码、空间信息传输与通信、遥感成像、光学微操纵、生物医学等领域得到了广泛且重要的应用[2-10]。

光束的轨道角动量（orbital angular momentum，OAM）的概念来源于1992年，Allen等人证实带有相位因子 $\exp(is\phi)$ 的光束中每个光子具有 $\hbar s$ 的轨道角动量[1]，其中 s 称为拓扑荷（topological charge）或轨道角动量数。除了具有确定的轨道角动量之外，该类光束还具有两个非常重要的特性，第一，与常见光束的平面波前不同，该类光束具有螺旋型相位波前结构，如图 1.1（a）（b）所示。这种螺旋型相位波前结构使得光轴相位可以为 $0 \sim 2\pi s$ 中的任意值，于是就形成相位奇点（phase singular），这种相位奇点也被称为光学涡旋（optical vortices）或螺旋波前位错（skew dislocations），第二，为了避免光束中心相位的不确定性，光场中心幅度必须为零，于是光束的中心强度为零，如图 1.1（c）（d）所示。根据上述两种特性，该类具有确定轨道角动量的光束也被称为涡旋光束、奇点光束或空芯光束。基于涡旋光束的上述重要特性，它正逐渐成为国内外的研究热点[11-15]，已经在光学微操纵、原子光学、生物医学、非线性光学、光学信息传输等领域得到了重要而广泛的应用[3-10,16-24]。一般实验中比较典型的涡旋光束有拉盖尔-高斯光束（Laguerre-Gaussian，简称 LG 光束）[25-31]和高阶贝塞尔-高斯（Bessel-Gaussian）光束[32-38]。

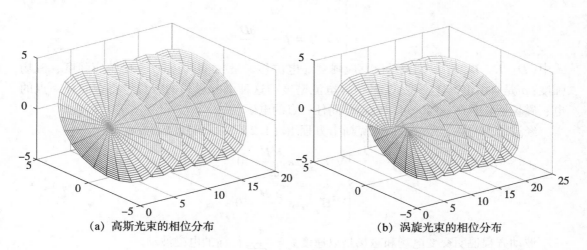

    （a）高斯光束的相位分布   （b）涡旋光束的相位分布

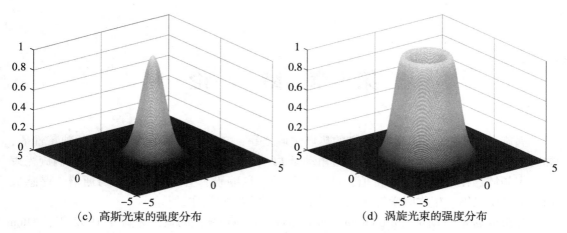

（c）高斯光束的强度分布　　　　　　（d）涡旋光束的强度分布

图 1.1　高斯光束的涡旋光束的相位和强度分布

1.1　涡旋光束的类型

1.1.1　拉盖尔-高斯光束

　　光波是一种电磁波，具有电磁波的所有性质，它的性质可以从电磁场的基本方程——麦克斯韦（Maxwell）方程组推导出来。从麦克斯韦方程组出发，结合具体的边界条件及初始条件，可以定量地研究光的各种传输特性。麦克斯韦方程组的微分形式为

$$\begin{cases} \nabla \cdot \boldsymbol{D} = \rho \\ \nabla \cdot \boldsymbol{B} = 0 \\ \nabla \times \boldsymbol{E} = -\dfrac{\partial \boldsymbol{B}}{\partial t} \\ \nabla \times \boldsymbol{H} = \boldsymbol{J} + -\dfrac{\partial \boldsymbol{D}}{\partial t} \end{cases} \tag{1.1}$$

式中，$\boldsymbol{D}$、$\boldsymbol{E}$、$\boldsymbol{B}$、$\boldsymbol{H}$ 分别表示电感应强度（电位移矢量）、电场强度、磁感应强度、磁场强度；ρ 是自由电荷体密度；$\boldsymbol{J}$ 是传导电流密度。这种微分形式的方程组将空间任一点的电、磁场量联系在一起，可以确定空间任一点的电磁场。

　　经过适当的数学变换，由麦克斯韦方程组（1.2）可以得到波动方程

$$\begin{cases} \nabla^2 \boldsymbol{E} - \mu \varepsilon \dfrac{\partial^2 \boldsymbol{E}}{\partial t^2} = 0 \\ \nabla^2 \boldsymbol{H} - \mu \varepsilon \dfrac{\partial^2 \boldsymbol{H}}{\partial t^2} = 0 \end{cases} \tag{1.2}$$

　　波动方程说明交变电场和磁场是以速度 $v = \dfrac{1}{\sqrt{\mu \varepsilon}}$ 传播的电磁波动。

假设一个振动频率为 ω 的光场，其电场复振幅可以表示成 $\boldsymbol{E}(\boldsymbol{r})\mathrm{e}^{-i\omega t}$，将它代入波动方程式（1.3），便可以得到赫姆霍兹方程

$$\nabla^2 \boldsymbol{E}(\boldsymbol{r}) - k^2 \boldsymbol{E}(\boldsymbol{r}) = 0 \tag{1.3}$$

式中 $k = n\omega/c$ 为波矢量。

再考虑光束处于笛卡儿坐标场中，假设光束沿 z 轴传播，它的电场复振幅可以写成 $\tilde{E}(x, y, z)\mathrm{e}^{ikz}$ 的形式，在傍轴近似下，可以得到傍轴波动方程

$$\left(\frac{\partial^2}{\partial x^2} + \frac{\partial^2}{\partial y^2} + 2ik\frac{\partial}{\partial z} \right) \tilde{E} \approx 0 \tag{1.4}$$

方程（1.4）在不同坐标系下可以得到一系列的解，它的基本解是高斯基模，在直角坐标系下，其解为厄米特-高斯（Hermite-Gaussian，HG）模，在柱坐标下为拉盖尔-高斯高阶模，所有高斯模式的束宽和曲率半径的定义和表达式都相同。上述解连同基模构成一组正交完备函数，每一个解表示光波场的一种可能存在形式，称为传播模。这些解的各种组合也是波动方程的解，表示一种实际存在的激光束，称为多模。

在上述几种模式的光束中，拉盖尔-高斯光束属于涡旋光束[20,25,39,40]，且是涡旋光束中最典型且最易实现的一种。它具有螺旋型等相位面和中空心光强分布，其电场表达式中具有相位因子 $\exp(is\phi)$ 项。最初 Allen 就是以该光束为例发现带有相位因子 $\exp(is\phi)$ 的光束具有确定的轨道角动量。本书的主要的研究对象也定为拉盖尔-高斯光束，在自由空间中，其电场表达式为

$$u(r, \phi, z) = E_0 \left[1 + \left(\frac{z}{z_0} \right)^2 \right]^{-0.5} \exp\left[-\left(\frac{r}{w(z)} \right)^2 \right] \left[\frac{\sqrt{2}r}{w(z)} \right]^s L_p^s \left[2\left(\frac{r}{w(z)} \right)^2 \right]$$

$$\times \exp(-is\phi) \exp\left[i(2p + s + 1)\arctan\left(\frac{z}{z_0} \right) - i\frac{kr^2}{2R(z)} + ikz \right] \tag{1.5}$$

式中，$w(z) = w_0\sqrt{1 + (z/z_0)^2}$，$w_0$ 为光腰光斑半径，z_0 为瑞利距离，s 为拓扑荷，也称角向指数，p 为径向指数，L_p^s 为连带拉盖尔多项式，$E_0 = \sqrt{2p!\,/(p+|s|)!\,\pi}$ 为归一化常数，$R(z) = z[1 + (z_0/z)^2]$ 为光束的曲率半径，$(2p + s + 1)\arctan\left(\dfrac{z}{z_0} \right)$ 为古依相移，拉盖尔-高斯光束简记为 LG_p^s。其中拓扑荷 s 可以取任意整数，它描述了拉盖尔-高斯光束的螺旋型等相位面的结构，当 $s \geq 1$ 时，拉盖尔-高斯光束的中心强度值为零，光束强度呈空心圆环分布，如图 1.2（a）所示，而且 s 越大，圆环半径越大，如图 1.2（c）所示。当 $s = 0$ 时，拉盖尔-高斯光束就变成高斯光束，其场振幅以高斯函数的形式从中心向外平滑减小，光强分布为一个圆对称光斑，如图 1.2（d）所示。当 s 的符号相反时，涡旋光束的螺旋相位面旋转方向逆向，而其强度分布不发生改变。径向指数 p 为任意正整数，它描述了拉盖尔-高斯光束的径向分布，当 $p \geq 1$ 时，拉盖尔-高斯光束的强度呈多环分布，如图 1.2（b）所示。

在 $z = 0$ 处，$R(z) \rightarrow \infty$，曲率中心在无穷远处。从 $z = 0$ 开始向 z 的方向传输即 z 增加时，$R(z)$ 由无穷大变小，曲率中心由 $-\infty$ 向 $z = 0$ 点移动。在 $z = z_0$ 处，$R(z) = 2z_0$，曲率中心在 $z = -z_0$，此时曲率半径最小。然后继续沿 z 方向传播，$R(z)$ 又开始逐渐增大，波阵面

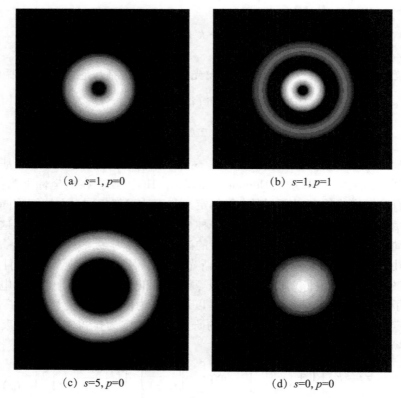

(a) $s=1, p=0$　　　　　(b) $s=1, p=1$

(c) $s=5, p=0$　　　　　(d) $s=0, p=0$

图 1.2　LG 光束的强度图

传到无穷远时，$R(z) \to \infty$，曲率中心移到 $z=0$ 点。$z>0$ 时，高斯光束发散；$z<0$ 时，高斯光束会聚。即当高斯光束从束腰向外传播时，波前的曲率半径从无穷大迅速变小，通过一极小值 $R(z)=2z_0$ 后，又逐渐增大。$w(z)$ 指的是高斯光束中的光斑尺寸，对于基模而言，它表示的是在距离 z 处，光束的场振幅下降为轴上值的 $1/e$ 倍时光斑的大小。由此可知，其物理意义是针对基模而言，也就是指具有高斯形状强度的光束。研究表明，高阶模光束的强度光斑会随模式的阶数的增加而展宽，上式 $w(z)$ 的表达式显然与光束模的阶数无关[41]。拉盖尔-高斯光束是个高阶模的光束，需要定义一个新的量来描述其光斑大小。

$$w_d = \sqrt{\frac{2\iint r^2 \, |u(\rho, \phi, z)|^2 r \mathrm{d}r \mathrm{d}\phi}{\iint |u(\rho, \phi, z)|^2 r \mathrm{d}r \mathrm{d}\phi}} \tag{1.6}$$

同为傍轴波动方程的解，拉盖尔-高斯模与厄米特-高斯模都可以组成一正交完备系，利用这些模式可将所有满足傍轴波动方程的波场展开为级数形式，两种模式之间也可以互相转换。利用 Hermite 和 Laguerre 多项式的关系，拉盖尔-高斯和厄米特-高斯模式之间可以建立以下关系[42]：

$$u_{pl}^{LG}(x, y, z) = \sum_{k=0}^{N} i^k b(n, m, k) u_{N-k, k}^{HG}(x, y, z) \tag{1.7}$$

实系数 $b(n, m, k) = \left(\dfrac{(N-k)! \, k!}{2^N n! \, m!}\right)^{1/2} \dfrac{1}{k!} \dfrac{d^k}{dt^k} \left[(1-t)^n (1+t)^m\right]_{t=0}$。厄米特-高斯模

的指数 (n, m) 对应着拉盖尔-高斯模指数，$l = |n-m|$，$p = \min(m, n)$。式（1.7）中

的因子 i^k 表明拉盖尔-高斯与厄米特-高斯之间存在着 $\pi/2$ 的相差。

1.1.2 复宗量拉盖尔-高斯光束

1985 年，Takenaka 等人引入复宗量拉盖尔-高斯（elegant Laguerre-Gaussian，ELG）光束后发现[43]，复宗量拉盖尔-高斯光束（ELGB）[44-47]可以认为是普通拉盖尔-高斯光束的扩展，而且同样是近轴波动方程的解，但是它比普通拉盖尔-高斯光束具有更好的对称性[48]，目前对其作为涡旋光束也有较多的研究[49-51]。其光场表达式为

$$u_0^{ELGB}(r, \theta, z) = \frac{i^{m+1} \pi E_1}{\lambda z} \exp(-ikz - im\theta) \left(\frac{kr}{2zw_0}\right)^m \left(\frac{ik}{2z}\right)^n g^{-n-m-1}$$

$$\times \exp\left[-\frac{r^2}{w^2 f}\right] L_n^m \left[\frac{r^2}{w_0^2 f}\right] \tag{1.8}$$

其中，$w = w_0\sqrt{1 + z^2/z_0^2}$，$g = 1/w_0^2 + ik/2z$，$f = \left(1 - i\dfrac{z}{z_0}\right)$，$k = 2\pi/\lambda$。$w_0$ 为光腰光斑半径，z_0 为瑞利距离，m 为拓扑荷，n 为光束阶数，L_p^s 为连带拉盖尔多项式。

1.1.3 反常（异常）涡旋光束

近年来受关注较多的涡旋光束有拉盖尔-高斯（Laguerre-Gaussian，LG）光束[40,52,53]和复宗量拉盖尔-高斯（elegant Laguerre-Gaussian，ELG）光束[44,45]。其中，复宗量拉盖尔-高斯光束虽比普通拉盖尔-高斯光束具有更好的对称性，却一直没有得到更大的应用，限制其发展的一个主要原因是其不容易实现。2013 年，我国杨元杰等人[54]提出并且实验产生一种新的涡旋光束——反常（或称异常）涡旋光束（anomalous vortex beam，AVB），这种光束在远场传输后可以变成复宗量拉盖尔-高斯光束，即它可以作为产生复宗量拉盖尔-高斯光束的光源，解决了复宗量拉盖尔-高斯光束不易实现的难题，甚至更进一步，它可以用于产生贝塞尔-高斯光束和贝塞尔涡旋光束。其光场表达式为

$$u_0^{AVB}(r, \theta, z) = \frac{i^{m+1} \pi C_0 n!}{\lambda z w_0^{2n+|m|}} \exp\left(-\frac{ikr^2}{2z} - ikz\right) \exp(-im\theta) \left(\frac{kr}{2z}\right)^{|m|} g^{-n-|m|-1}$$

$$\times \exp\left(-\frac{k^2 r^2}{4gz^2}\right) L_n^{|m|}\left(\frac{k^2 r^2}{4gz^2}\right) \tag{1.9}$$

式中，$w = w_0\sqrt{1 + z^2/z_0^2}$，$g = 1/w_0^2 + ik/2z$，$f = \left(1 - i\dfrac{z}{z_0}\right)$，$k = 2\pi/\lambda$；$w_0$ 为光腰光斑半径，z_0 为瑞利距离，m 为拓扑荷，n 为光束阶数，L_p^s 为连带拉盖尔多项式。

目前关于反常涡旋光束的研究文献还比较少，主要是研究在不同光学环境下反常涡旋光束的光强、相位辐射力等特性。电子科技大学[54,55]和西华大学[56]分别利用柯林斯积分

公式研究了反常涡旋光束在对准和不对准 ABCD 光学系统中的传输特性及其影响因素。电子科技大学利用瑞利散射理论从理论和数值上研究了反常涡旋光束在紧聚焦光学系统中作用于瑞利粒子的辐射力[57]，后又基于矢量德拜积分对经过高数值孔径透镜系统的反常涡旋光束的紧聚焦特性进行了研究[58]。衡阳师范学院和河北师范大学研究了反常涡旋光束在强非局域非线性介质中的光强相位特性[59]和光束间的交互特性[60,61]，还研究了反常涡旋光束在傅里叶变换系统的分数傅里叶变换特性[62]。

表 1.1 中列出的是反常涡旋光束的传输特性研究现状，包括反常涡旋光束所处的环境和其对应研究的特性，以及相应的研究机构。以下将按照时间顺序具体叙述上述研究。在 2013 年，中国电子科技大学和东吴大学联合首次提出一种涡旋光束的新模型即反常涡旋光束，他们从公式推导和实验上得出反常涡旋光束经过 ABCD 系统后的传输表达式，而且指出反常涡旋光束可以表示成多个拉盖尔-高斯光束的叠加，并且发现在远场近似下反常涡旋光束变为复宗量拉盖尔-高斯光束，甚至贝塞尔-高斯光束和贝塞尔涡旋光束[54]。在 2014 年，西华大学研究的是在傍轴近似下反常涡旋光束经过对准和不对准 ABCD 光学系统的传输特性，分析了光束的阶数、拓扑荷、束宽半径和传输距离对光强的影响[56]。衡阳师范学院和河北科技大学研究了反常涡旋光束的分数傅里叶变换特性[62]。在 2015 年，衡阳师范学院和河北师范大学研究了反常涡旋光束在强非局部非线性介质中的传输特性[59]。中国电子科技大学从 Collins 积分公式出发推导反常涡旋光束在 ABCD 系统中的光强特性，然后分析了拓扑荷、距离以及孔径大小对其的影响[55]。苏州东吴大学和杭州师范大学利用 Collins 积分公式推导了非圆对称异常空芯涡旋光束在 ABCD 光学系统中的传输公式，并且利用该公式分析光强和相位随距离和拓扑荷的关系。同时又把公式代入轨道角动量密度分布公式中，分析其轨道角动量密度分布随距离和拓扑荷的影响[63]。中国电子科技大学在傍轴近似下，基于瑞利散射理论从理论和数值上研究了聚焦反常涡旋光束作用于瑞利粒子的辐射力[57]。

表 1.1　　　　　　　　　　　　AVB 的传输特性研究现状

研究特性	光 学 环 境	机 构
光强或相位	ABCD 光学系统	中国电子科技大学和东吴大学（提出并实验得到反常涡旋光束）
	对准和不对准 ABCD 光学系统	西华大学
	非圆对称异常空芯涡旋光束在 ABCD 光学系统中	东吴大学和杭州师范大学
	强非局部非线性介质	衡阳师范学院和河北师范大学
角动量密度	非圆对称异常空芯涡旋光束在 ABCD 光学系统中	东吴大学和杭州师范大学
分数傅里叶变换特性	分数傅里叶变换系统	衡阳师范学院和河北科技大学
辐射力	聚焦反常涡旋光束作用于瑞利粒子	中国电子科技大学

1.1.4 贝塞尔-高斯光束

贝塞尔光束由 Durnin 于 1987 年首次提出[64]，高阶 BG 光束具有螺旋型相位结构，是一种近似无衍射光，即在无衍射长度范围内具有无衍射特性，比如当光束穿过障碍物之后，其振幅和相位具有自我恢复功能。l 阶 Bessel-Gaussian 光束的电场振幅表达式为[65,66]：

$$u_{BG} = B \frac{w_0}{w} \exp\left[\left(-\frac{1}{w^2} + \frac{ik}{2R(z)}\right)\left(r^2 + \frac{k_t^2 z^2}{k^2}\right)\right] J_l\left(\frac{k_t r}{1 + iz/z_0}\right) \exp(il\varphi)$$
$$\times \exp\left\{i\left[\left(k - \frac{k_t^2}{2k}\right)z - \Phi(z)\right]\right\} \tag{1.10}$$

其中，$w^2 = w_0^2[1 + (z/z_0)^2]$，$k_t^2 = k^2 - k_z^2$，$k$ 是波数，w_0 是光斑半径，z_0 是瑞利距离，B 为振幅系数，l 是拓扑荷。$\Phi(z) = \arctan\left(\dfrac{z}{z_0}\right)$ 为古依相位，$R(z) = z + z_0^2/z$ 为波前曲率。

除了上述普通贝塞尔涡旋光束外，近年来，还有关于反常贝塞尔涡旋光束的提出和研究[67]。

1.1.5 混合涡旋光束

在利用全息光栅或一些特殊的光学元件产生奇点光束的过程中可能会引入一个小的相干背景。其来源主要存在于两个方面：一是光束在传播过程中由于全息图的不完善引起的传播方向的散射或衍射；二是奇点光束与参考光束的干涉[68]。一个小的相干背景的介入不会破坏单个拓扑荷的涡旋，只会移动涡旋的位移到另一个总电场幅度为零的地方，而对于混合拓扑荷的涡旋来说，这就会把最初的拓扑荷为 m 的涡旋光束分裂成 m 个单拓扑荷的涡旋光束的混合[69]。一般讨论混合涡旋光束的性质时，主要是研究涡旋数目，各奇点所在位置及拓扑荷大小及方向。所有这些参数都来源于相位奇点的固有特性，即混合光束的总电场 $f = f_{Re} + if_{Im}$ 为零的点。

1.1.6 光纤涡旋

除了在自由空间中存在波前位错，在多模光纤中也存在波前位错。第一次对多模光纤场中波前位错的描述是 B. Ya Zel' dovich 等人在 1985 提出的[70]，并且发现光纤的本征模数与位错的平均数间存在一定的联系。自由空间中的旋涡与光纤中的涡旋主要存在几点不同[71,72]：①光纤涡旋与光纤场模的非横向特性相联系，它具有强度的纵向分量；光纤中的光波偏振 σ_z 和拓扑荷 l 之间存在一定的关系。螺旋性 σ_z 以光束的电（磁）场的矢量旋转的方向为特性。而对于自由空间中的近轴高斯光可以独立改变拓扑荷 l 和螺旋性 σ_z 的值和符号。②高斯光束的偏振 σ_z 的改变会改变粒子的状态。与自由空间的光学旋涡不同，光纤中被导引的旋涡严格地被一对数定义：拓扑荷 l 和螺旋性 σ_z。l 和 σ_z 的值不能独立地改变。因此，不能把角动量分成轨道和偏振部分。③与此同时，光纤中不可消除的基波 HE11 模会给涡旋带来扰动，引起不必要的光学效应。除此以外，光纤中的涡旋的稳定条件是 $l + \sigma_z \neq 0$。根据此条件可以得到光纤中一般存在三种涡旋：

(1) $l \cdot \sigma_z > 0$ 时，对于任何 $l \neq 0$ 都是稳定的 CV_{+-}^{+-}；

(2) $l = 0$ 且 $l \cdot \sigma_z < 0$ 时，不稳定 IV 涡旋；

(3) $l \neq 0$，$l \neq 1$，$l \cdot \sigma_z < 0$ 时，稳定的 CV_{+-}^{+-}。

目前在光纤中产生的方法主要有：利用声光交互作用，把声波的角动量传给光纤中的光波模，在光纤中引入涡旋[73,74]；通过光纤的螺旋微弯在双模光纤中产生长周期光栅，实现 LP01 模和 LP11 模之间的特定波长的耦合[75,76]；一种新的 microstructure fibre（MSF）——chiral fibre 可以产生带有轨道角动量的光子[77]；用一个短长度的受压，近单模光纤波导以转变一个线性偏振 HG10 模到一个圆均匀环形光束[78]；利用光纤 Y-耦合器的全光纤 Mach-Zehnder 干涉系统来产生光旋涡[79]。

光纤的损耗小，抗电磁干扰能力强等优点，使得光纤在众多领域得到重要的应用，而光学涡旋因为独特的优势也日益受到广泛的关注，两者的结合体光纤涡旋也必将在多个场合发挥其作用，比如光纤陀螺、光纤传感[80]等。

1.2　涡旋光束的基本理论及性质

由 Maxwell 理论可知，电磁场辐射不但携带能量还具有动量。动量又分为线性动量与角动量。角动量主要包含两个：一个是与偏振相关的自旋角动量（spin angular momentum，SAM），另一个是与空间分布相关的轨道角动量[81-83]。由角动量的定义为径向矢量与线性动量的矢量积出发，逐步计算得出无论是在傍轴还是在非傍轴情况下，具有螺旋波前的光学涡旋都具有确定的轨道角动量，若还存在圆偏振态则还具有自旋角动量，这两种角动量都可以通过传递动量与物体相互作用，而且在傍轴近似下，两者相互独立。角动量具有内部与外部的界定，对于不依赖于参考轴选择的角动量，称其为内部的（intrinsic）；反之，可以认为是外部的（extrinsic）。对于任意尺寸或位置的孔径来说，自旋角动量始终不变，且与计算轴选择无关，所以是内部的。对于任何带有螺旋相位的光束，如果其孔径关于光轴对称，则横向动量为零，轨道角动量的值与参考轴无关，由此光束的轨道角动量被认为是内部的；然而当光束通过轴外孔径时，其横向动量不为零，轨道角动量的计算依赖于计算轴的选择，因此被认为是外部的[84]。

1.2.1　角动量和坡印亭矢量特性

Allen 是根据角动量的定义由线性动量计算得来的[1,81,82]。涡旋光束的线性动量计算得到

$$\boldsymbol{p} = \varepsilon_0 \langle \boldsymbol{E} \times \boldsymbol{B} \rangle = \varepsilon_0 \frac{\omega k r z}{(z_0^2 + z^2)} \mid u \mid^2 \hat{r} + \varepsilon_0 \frac{\omega s}{r} \mid u \mid^2 \hat{\phi} + \varepsilon_0 \omega k \mid u \mid^2 \hat{z} \qquad (1.11)$$

其中 $\boldsymbol{E}$、$\boldsymbol{B}$ 分别表示电场强度和磁感应强度。因为涡旋光束的光场表达式中具有随相位变化的项 $\exp(is\phi)$，所以线性动量才存在 $\hat{\phi}$ 方向的分量，因此在传播方向上的角动量密度为

$$\boldsymbol{j}_z = \boldsymbol{r} \times \boldsymbol{p}_\phi = \varepsilon_0 \omega s \mid u \mid^2 \qquad (1.12)$$

光的能量密度为光速与线性动量密度的乘积：

$$w = c\varepsilon_0 \langle \boldsymbol{E} \times \boldsymbol{B} \rangle_z = \varepsilon_0 \omega^2 \mid u \mid^2 \tag{1.13}$$

于是分别把两者在 x-y 平面积分后，可得在传播方向上角动量与能量之比为

$$\frac{J_z}{W} = \frac{s}{\omega} = \frac{\hbar s}{\hbar \omega} = \frac{\hbar s}{\dfrac{h}{2\pi} 2\pi v} = \frac{\hbar s}{hv} \tag{1.14}$$

在量子力学中，hv 为一个光子的能量，由上式可得出光束中每个光子具有 $\hbar s$ 的轨道角动量。具有螺旋波前的光学涡旋具有确定的轨道角动量，若还存在圆偏振态，则其光子角动量分为两部分，一部分为轨道角动量，等于 $\hbar s$，这是来源于光场的螺旋波前结构，与光波的偏振态无关；另一部分为自旋角动量，等于 $\hbar \sigma$，这来源于光波的偏振态，其中 σ 与光束的偏振态有关，对于左旋与右旋圆偏振光束，σ 取值分别为±1，当 $-1 < \sigma < 1$ 时，描述的是椭圆偏振光，$\sigma = 0$ 表示的是线偏振光。对于任意偏振光在傍轴近似情况下轨道角动量和自旋角动量是分离的，大小分别为 $\hbar s$ 和 $\hbar \sigma$。

　　根据线性动量密度还可以推出坡印亭矢量的变化情况[85,86]。坡印亭矢量即电磁能流密度矢量，它是电磁场内一给定点上的电场强度与磁场强度的矢量积，在真空中等于 $c^2 \boldsymbol{p}$。它描述电磁波能量的流动状况，其大小表示单位时间内穿过与能量流动方向相垂直的单位面积的能量，其方向表示能量的流动方向，对于平面波而言，其方向就是电磁波传播的方向。根据计算得到的线性动量密度可以看出，随着光束的传输，坡印亭矢量具有一个方位角旋转分量，该方位角旋转分量随传输距离的变化轨迹为

$$\frac{\partial \theta}{\partial z} = \frac{1}{r} \frac{c^2 p_\phi}{c^2 p_z} = \frac{s}{kr} \tag{1.15}$$

上式意味着对于涡旋光束，当半径固定不变时，坡印亭矢量的路径是周期固定为 $2\pi kr^2/l$ 的螺旋路径。但是固定的半径并不对应强度分布的特殊点，因此得到的式（1.15）并不代表这是光束能流密度的路径。Padgett 通过对式（1.15）变形得到

$$\frac{\partial \theta}{\partial z} = \frac{1}{r} \frac{p_\phi}{p_z} = \frac{s}{2} \left(\frac{w(z)}{r(z)} \right)^2 \frac{z_0}{z_0^2 + z^2} \tag{1.16}$$

则坡印亭矢量从光腰到位置 z 处的总的旋转为

$$\theta = \frac{s}{2} \left(\frac{w(z)}{r(z)} \right)^2 \arctan\left(\frac{z}{z_0} \right) \tag{1.17}$$

从式（1.17）可以看出坡印亭矢量与古依相位（Gouy phase）从光腰处的变化成正比，而且其旋转程度依赖于 $r(z)/w(z)$ 的值。对于 $p = 0$ 的拉盖尔-高斯模式，与模式中最大振幅相对应的半径由下式给出

$$r_{\max}(z) = \frac{\sqrt{2} w(z)}{2} \sqrt{s} \tag{1.18}$$

　　当将式（1.17）代入总的旋转表达式（1.16）时，可以得到 $\theta = \arctan(z/z_0)$，令人惊奇的是，该角度与拓扑荷 s 无关。当径向指数 $p \neq 0$ 时，情况较为复杂，这是因为此时光束的强度分布有 $p + 1$ 个同心环，对应着一系列的电场局部最大值。当涡旋光束向远离光腰的方向传输时，坡印亭矢量的总旋转路径应该取光束最高强度处的半径值，它与古依

相位和光模的阶数成比例。虽然该计算简单，但是得到的结论对和光束与物质的相互作用有关的研究具有很重要的意义。

1.2.2　角位置与轨道角动量的关系

测不准原理限制了我们测量的不同物理量的精度。它不仅限制了微观物理系统也影响了宏观物理系统。由于测不准原理，我们不能以任意精度来确定任何系统的物理特性。测不准原理的最熟悉的形式是位置与线性动量间的测不准关系：$\Delta x \Delta p \geqslant \hbar/2$，物理学上还有其他几对具有测不准关系的量，分别为：位置与线动量，能量与持续时间，电磁场相位与光子数，角位置与角动量。当测得系统线性动量的精度大时，其所处位置的精度就小，反之亦然。满足测不准关系中不等性的状态称为智能态（intelligent states）。如果测不准积正好以常数为边界，这些智能态与最小测不准积或临界态相一致。然而对于角位置与角动量间，智能态却与最小测不准积态不相同[87]。

在一个物理系统中，与线性动量和线性位置相同，角动量与角位置也成傅里叶变换关系，连接着测量值的标准差，我们把这样一对量称为共轭变量。线性动量与位置都是无限的，且是连续变化的，它们之间存在连续傅里叶变换关系。对于角动量与角位置，角变量的 2π 周期特性意味着两者之间的关系是傅里叶级数产生的离散值。经 Sonja Franke-Arnold 验证[87]涡旋光束的角位置与角动量之间满足测不准关系

$$\Delta\varphi\Delta l = \frac{1}{2}\left|1 - 2\pi P(\pi)\right| \tag{1.19}$$

其中，$P(\varphi)$ 为所选角范围边界处的角概率密度。上式意味着涡旋光束的轨道角动量的无误差测量需要一个无任何角限制的测量孔径。任何窃取者不能接收到完整的光束，也就不能测得正确的轨道角动量。

1.2.3　位错和相位全息图

1974 年，Nye 和 Berry 引入了"波前位错"，并且根据 Burgers 矢量沿位错线的排列方式把位错分为刃位错（edge dislocations）、螺旋位错（screw dislocations）和混合位错（mixed edge-screw dislocations）。对于单色波而言，位错在空间是稳定的，形成一个孤立的干扰带。与晶体中的稳定位错不同，因为光波的连续运动会引起光场的相位变化，所以波前位错是动态的[88]。本节研究的涡旋光束所具有的相位奇点就是螺旋波前位错。螺旋波前位错的特性表现为沿着位错轴波前空间结构具有螺旋芯的形式。螺芯的旋转方向可以为左也可以为右，因此涡旋光束的拓扑荷值可以为正（右旋螺芯）或负（左旋螺芯）。该光束的螺旋相位面与相邻等相位面的距离为一个波长[89]。当 $s = 1$ 时，任何波前（n 个）都是周期为波长 λ 的螺旋表面的一部分，下一个波前（$n + 1$ 个）连续与下一个相联；当 $s > 1$ 时，在一个波长处的下一个波前与前一个波前相结合，周期常数为 $l\lambda$。因此，对于一个拓扑荷为 $|l|$ 的涡旋光束，螺旋面旋转 $2\pi l$，光波前进一个波长，因为曲率和古依相移的变化，可能会存在微小误差[88]。位错轴应该是零幅度线，零幅度产生了光波内的暗光束，在位错轴上的相位是不确定的。

1.2.4 螺旋谱特性

为了更好地阐明轨道角动量的成分，Molina- Terriza 等人[22]将光束展开成螺旋谐波函数 $\exp(im\phi)$ 的线性叠加，便形成轨道角动量谱，也称为螺旋谱。如果将任意光场分布按螺旋谱谐波展开，这样可以得到

$$u(r, \phi, z) = \frac{1}{\sqrt{2\pi}} \sum_{m=-\infty}^{\infty} a_m(r, z)\exp(im\phi) \tag{1.20}$$

其中，$a_m(r, z) = \frac{1}{\sqrt{2\pi}} \int_0^{2\pi} u(r, \phi, z)\exp(-im\phi)\mathrm{d}\phi$。因此，光束的能量可以写成 $U = 2\varepsilon_0 \sum_{-\infty}^{\infty} C_m$，式中，$C_m = \int_0^{\infty} |a_m(r, z)|^2 r\mathrm{d}r$，最后求得螺旋谱为 $P_m = \dfrac{C_m}{\sum_{q=-\infty}^{\infty} C_q}$，也就是各谐波分量的权重因子[90]。图 1.3（a）所示为 LG_0^1 光束的螺旋谱分布。图中横轴 m 表示各谐波分量的拓扑荷数，纵轴 P 为各分量所对应的相对能量。

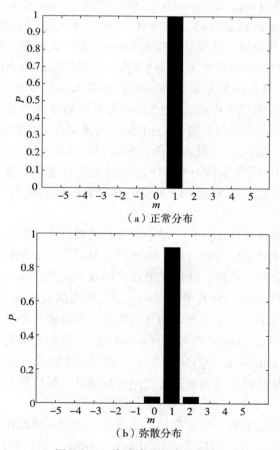

（a）正常分布

（b）弥散分布

图 1.3 LG_0^1 光束的螺旋谱分布

当光束遇到外界因素干扰时，比如接收系统与光束的不对准，大气湍流等，光束螺旋谱便会发生弥散，即原本只集中在一个分量上的能量会分布到其他分量上，如图 1.3（b）所示。螺旋谱的这种弥散现象的弥散程度可以用 Roberta Zambrini 等人定义的无量纲方差来描述[91]

$$V = \sum_{m=-\infty}^{+\infty} P_m (m - \overline{m})^2 = \sum_{m=-\infty}^{+\infty} P_m m^2 - \left(\sum_{m=-\infty}^{+\infty} P_m m \right)^2 \tag{1.21}$$

式中，$\overline{m}$ 为螺旋谱分布的平均值。对于一束不受外界干扰的拉盖尔-高斯光，其 $V = 0$。当螺旋谱发生弥散时，$V > 0$，而且弥散程度越大，V 值越大。

1.3　发展历程及应用现状

相位奇点的研究初期是在 19 世纪 30 年代，但是当时并未引起人们的关注，直到 1974[92] 年 Nye 和 Berry 把相位奇点的概念引入光波理论，得到一类新的光学对象，由于其与晶体缺陷（defect）相类似，从而出现了波前位错（wave-front dislocations）的概念。波前位错可以分为刃位错（edge dislocations）、螺旋位错（screw dislocations）和混合刃-螺旋位错（mixed edge-screw dislocations）。1989 年，Cullet 等人把"光学涡旋"这个名词与螺旋位错联系起来[88]。他们通过研究具有较大 Fresnel 数的激光腔，发现腔内电场强度为零的奇点，在高于阈值的不稳定场中能长时间存在，而且围绕此奇点的相位是变化的，环绕一周的变化量是 2π，这种类似超流体涡旋的状态被 Cullet 称为"光学涡旋"。1992 年，Allen[1] 等人根据电动力学理论中电磁场的角动量密度为径向矢量与线性动量的矢量积，逐步推出在傍轴近似下，具有相位因子 $\exp(is\varphi)$ 的光束在光束传播方向上每个光子具有 $\hbar s$ 的轨道角动量，这一结论的出现才真正引起人们对涡旋光束的重视。1994 年，Barnett 和 Allen 等人又进一步证明在非傍轴情况下光学涡旋的轨道角动量仍然是 $\hbar s$ [93]。这种具有确定轨道角动量的特性一经发现，立刻受到科学界的极大重视，并被广泛地研究与应用。

基于涡旋光束的强度呈环形分布，很小的中心暗斑尺寸等特性，近年来它已经在微波波导、生物医学、原子光学中得到应用。1995 年，He[94] 等人最先在实验中观察到涡旋光束的轨道角动量可以向粒子传递，通过光镊技术捕获了悬浮在煤油中的陶瓷粉末，实现了光学涡旋对微小粒子的操纵。1997 年，Simpson[95] 利用涡旋光束实现了对粒子的转动操作，该现象即为光学扳手，并证实光束的自旋角动量和轨道角动量都可以以力学等价形式传递到粒子上。1998 年，Courtial[96] 等人预测在拉盖尔-高斯光束与原子的相互作用中存在旋转频率漂移（rotational frequency shift）[97]，并使用毫米波光源进行测量，得到漂移量等于每个光子的总角动量乘以光源与观察者之间的角速度，最后证实涡旋光束可以应用于多普勒冷却。

除了上述应用，涡旋光束在数据存储、光通信、光学遥感成像等方面的应用优势也随着研究的深入逐渐凸显出来。2002 年，G. Molina-Terriza[98] 指出涡旋光束的轨道角动量数（或称拓扑荷）为任意整数，可以构成无穷维希尔伯特空间，利用涡旋光束进行信息传输可以大大提高传输信息的容量，理论上可以编码 60000 个汉字。但是这在实际中不可实现，这是因为光束拓扑荷越大，当传播时，光束越容易失去焦距，且更容易扩散，预计实际可以达到几百个量子态[99]。2004 年，经 Sonja Franke-Arnold 验证[87]涡旋光束的角位置与角动量之间满足测不准关系，这意味着要使测得的轨道角动量误差足够小，测量孔径的角范围就应该足够大。任何窃听者都不可能接收到完整的光束（其角范围为 2π），也就不可能精确测得光束的轨道角动量。上述两点便奠定了将光束轨道角动量应用于信息传输与处理领域的物理基础，且经各国研究者验证，涡旋光束用于信息传输具有显著优势，以下列举三种主要应用。

随着研究的深入，涡旋波束的应用波段也由最初的可见光波段发展到毫米波、射频波段等，已经有电磁涡旋[100-102]，应用于遥感[103-107]、通信领域[108]。

1.3.1　数据存储

在光学存储领域，提高存储密度是一个重要的技术问题。传统提高存储空间密度的方法有两个：一是减小 $\dfrac{\lambda}{NA}$ 的数值，其中 λ 是激光的波长，NA 是数值孔径；二是在系统可以承受的信噪比许可的范围内，减小凹坑的大小，以降低信噪比为代价来提高数据密度。由于波长极短的紫外（UV）光源非常昂贵而且不易获得，数值孔径又不能做得很大，第一种方法受到很大的限制；又因为系统的精度和对材料的苛刻要求，第二种方法也受到很大限制。涡旋光束的拓扑荷可以取任意整数，可以构成无穷维希尔伯特空间，因此利用涡旋光束进行信息传输可以大大提高信息的容量。

2004 年，Robbert Jan Voogd 等人[109,110]利用 DIFFRACT 软件中的基尔霍夫近似（Kirchhoff）和矢量衍射方法来建立一个四台阶结构的相位板的模型，利用含有轨道角动量的光束具有光学漩涡的特点和衍射成像随着传播距离的旋转来区分不同数据态，实验证实可以显著提高数据存储容量。利用轨道角动量本征态实现多位数据进而实现高密度数据存储成为一种发展方向。不过，在实际应用中，不同 OAM 态的数目的设置或控制受两个因子限制：一是给定的光学系统的孔径，光束的拓扑荷值 l 越大，衍射更快，因此为了保证光束可以有效的耦合通过任何系统，限制了不同 l 值的范围；二是随着混合光束各种拓扑荷数目的增加，产生和测量这些 OAM 态的技术难度增加[111]。

1.3.2　遥感应用

远程遥感和成像最普遍的问题是测量传感器与目标间的距离。采用电磁信号测量必须满足两个条件：第一，传输波结构变化的大小必须保证可以只从光束的强度或相位的测量中得到传输距离；第二，必须可以以足够高的精度量化带有距离信息的物理参数。传统的雷达系统通过测量一个电磁脉冲返回接收天线的时间来决定距离。对于更短的波长，尤其是光波，电磁场的相位信息与时间关系是不容易得到的。然而距离信息可以通过调制光强，再从强度中提取相位信息得到，这与雷达系统相似。在雷达和光雷达系统中，为了提高时域精度，所做的改进主要集中在电磁信号的时域特性，比如，通过增加系统的带宽，提高对时间基的掌控，或者通过改进波形等相关信号处理方法来更精确地测量时间延迟。

1999 年，Padgett 和 Courtial 提出用和"Poincare-sphere"等效的球体表示具有轨道角动量的光束，且得到了模式阶数为 1 的拉盖尔-高斯光束的等效 Poincare-sphere 表示[112]。自旋角动量和轨道角动量两者之间的共通性，给大家一个启发也许涡旋光束也可以像偏振光一样用于成像。

1. 遥感成像

2005 年，为了更好地阐明轨道角动量的成分，将光束展开成螺旋谐波函数 $\exp(il\varphi)$ 的线性叠加，便形成轨道角动量谱，也称为螺旋谱。这个定义可以用于成像技术，被命名为螺旋谱提取成像（spiral spectrally-resolved imaging）或螺旋成像（spiral imaging）[8,22,113]。简单来说就是利用一个便利的几何形状的光束照明目标，把反射或透射信号展开成轨道角动量的螺旋本征态即螺旋谱，通过分析被探测信号中被描述的本征态的加权系数来得到所需目标的信息。2006 年，Ly[89] 成功利用涡旋光束探测距离，验证了其在遥感成像上的应用，他是利用几个拉盖尔-高斯模叠加传输时，发现强度图的形状与距离有关，由此总结出可以通过强度图来判断距离。

近几年，关于旋涡光束在遥感成像领域的应用研究探索性文献逐渐增多，2005 年 Torner 提出涡旋光束的螺旋成像的概念[22]。2006 年 Molina-Terriza 提出一个利用螺旋成像来获取目标的信息的方法[8]，2008 年日本 Sato，Seichi 提出的多轴位移遥感技术可以用于城市基础设施如桥梁、公路等的变形监测。2009 年，Fabrizio Tamburini 系统地研究了旋涡光束在天体物理中成像探测问题[114]。2010 年，Lars K. S. Daldorff 等将旋涡光束的研究扩展到无线电旋涡波束，提出近地空间的遥感与探测概念[115]。2010 年和 2012 年，Petrov，Dmitri 研究了利用不同的具有轨道角动量的拉盖尔-高斯光束来探测透明介质球的螺旋散射谱，从而可确定球体的几何性质[116,117]。2014 年，Chen Lixiang 证明了在不接触被测对象的条件下，结合高维轨道角动量纠缠的数字螺旋成像可以有效地探测和识别纯相位物体[118]；赵应春提出将涡旋光应用于数字全息测量中[119]。2015 年，南京师范大学开展了几种特殊光束在暗场数字全息显微成像中的应用研究[120]。2017 年，Guo，Linxin 基于光学涡旋的散射效应，研究了海洋大气气溶胶粒子的遥感探测[121]；Liu，Kang 提出基于涡旋电磁波束的轨道角动量的超分辨率成像技术，并进行了涡旋电磁波束成像的概念验证实验，验证了涡旋电磁波束用于高分辨率成像的有效性[122]，Tang，Jie 研究了 Hong Ou Mandel 干涉法中的螺旋全息成像[17]，Yang，Zhe 和 Magana-Loaiza，Omar S. 证明了可以用随机光中的经典轨道角动量相干性来识别具有旋转对称性的物体的空间特征和相位信息[16]。2019 年，王思育利用涡旋光束实现了三维形貌测量[123]。由此可见，旋涡光束的遥感与探测应用正在引起越来越多领域的国内外科技工作者的关注。

2. 变形监测

随着涡旋光束研究的开展和深入，涡旋光束已经应用于光学微位移测量领域。日本 Sato，Seichi 团队于 2008—2011 年采用外差干涉测量涡旋光束的干涉光强或相位进行了变形遥感实验[124-127]。南京大学张勇教授团队和美国阿肯色大学于 2011 年合作提出将涡旋光束通过萨格纳克干涉仪（Sagnac interferometer）来检测旋转振动，信噪比大于 Mach-Zehnder 干涉仪[128]。山东师范大学孙平教授团队 2014 年提出将涡旋光束与电子散斑干涉技术结合来测量变形系统的离面位移和面内位移[129-133]；于 2017 年利用计算全息光栅法产生光学涡旋和利用泰伯效应产生光学涡旋阵列进行了理论研究和讨论[134]，并于 2019 年提出采用光流法分析相位图[135]。2020 年，合肥工业大学夏豪杰教授的团队利用正负共轭涡旋光的共轴干涉原理，设计搭建了高精度微位移干涉测量系统，并计算了拓扑荷数为 4 的正负共轭涡旋光干涉花瓣图样旋转 1° 对应的变化位移量[136]，中北大学赵冬娥教授的团队根据涡旋光与球面波干涉特性，设计了利用干涉螺旋条纹的旋转角度计算物体位移的微位移测量系统[137]。

1.3.3　通信应用

通信是指一切将信息从发送者传送到接收者的过程。自古以来，信息就如同物质和能量一样，是人类赖以生存和发展的基础资源之一。人类通信的历史可以追溯到远古时代，文字、信标、烽火及驿站等作为主要的通信方式，曾经延续了几千年。无线通信系统是利用电磁波实现信息传送过程的系统，一般由发送设备、接收设备组成。随着各行业技术的不断发展，无线通信的适用面也越来越宽，但是如何提高无线通信系统的通信信息量及安全性仍为当前的重要课题。涡旋光束的轨道角动量数值理论上可以取任意整数，故而利用轨道角动量进行编码可以大大提高系统容量。而且，又由于量子力学中角动量与角位置的不确定性原理，任何发生位移、角偏移的探测器接收到的电磁波轨道角动量谱都会被展宽，甚至改变其均值，因此很难得到准确的信息，确保了系统的安全性。因此基于涡旋光束进行通信得到越来越多的研究。2022 年，中山大学电子与信息工程学院，光电材料与技术国家重点实验室刘洁、余思远课题组与长飞光纤光缆有限公司，光纤光缆制备技术国家重点实验室沈磊课题组，北京理工大学高然、忻向军课题组合作，进行超大容量轨道角动量（OAM）光纤通信研究，其通信容量突破 1.2 Pbit/s[138]。

1. 自由空间通信

2004 年，苏格兰的格拉斯哥（Glasgow）大学的 Gibson[6]首次提出利用轨道角动量进行自由空间信息传输的方案。图 1.4 显示了携有轨道角动量的光束的无线通信系统图。He-Ne 激光器发出光波，由透镜傅里叶变换后，经过同轴计算全息图获得轨道角动量，同轴计算全息图是显示在空间光调制器上的，与空间光调制器相连的计算机对要传输的信息以轨道角动量的形式进行编码，来控制所需的同轴计算全息图样，经编码后的带有轨道角动量的波束再经过光学望远镜扩束后发射到大气中。之后，经过大气传输的光束到达接收端，由光学望远镜缩束准直，再传输到离轴计算全息图，离轴计算全息图也是由空间光调制器显示，由计算机模拟得到的。之后，经过透镜傅里叶变换，在透镜后焦面上的 CCD 成像系统上显示出远场衍射图，再用计算机分析计算接收到的拓扑荷值，从而解码得出信息，达到无线通信的目的。该方案利用叉形相位全息图对信息进行编码与解码，当涡旋光束照射相位全息图后，不同的衍射阶对应光束的拓扑荷数不同。当编码时，通过调节相位全息图的分叉数，使通过其的光束具有不同的拓扑荷 s。而解码时，当 $m_{in} = s$ 的涡旋光束从中心垂直照射相位全息图时，各衍射阶的拓扑荷数都会增加 s，而与 s 数值相同、符号相反的位置由于轨道角动量抵消，在强度样式图中会出现一个亮点，测出此亮点的位置就能得出信息的轨道角动量值。

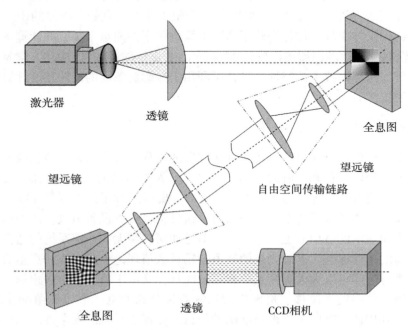

图 1.4　自由空间光学轨道角动量通信图（Gibson，2004）

上述系统是利用单个轨道角动量来编码实现信息传输的，也有人提出利用多个奇点光束的叠加来作为信息传输的载体。2004 年，Bouchal[139-142] 提出利用混合涡旋场（带有不同拓扑荷的涡旋光束的叠加）作为信息载体，如图 1.5 所示。把一束高斯光束通过空间光调制器，可以得到形式为 $U = \sum_{m=1}^{M} a_m u_m \exp(im\varphi)$ 的混合涡旋场，如果调制器是自动驱动，则加权系数代表编码或混合涡旋场的空间结构的信息比特，再经过空间光调制器后的傅里叶过滤，就得到伪无衍射场（pseudo-nondiffracting，P-N），接收时，只需测量加权系数即可获得解码信息。此方法的实现是通过幅度与相位的调制，这样混合涡旋的加权系数由亮斑（其位置受拓扑荷影响）决定。由于经过编码的相位全息图时常需要变化，而 SLM 刷新频率慢，不能很好地及时显示。2006 年，Bouchal[143] 又提出一种新的方法，不需要刷新 SLM，而是控制点光源阵列的亮与暗来设置编码值，信息编码器由 SLM 与 4-f 光学系统[144] 来实现。

2. 大气通信

当带有 OAM 的光束在任何线性、等方性和均匀介质中传输时，光束的相前会被衍

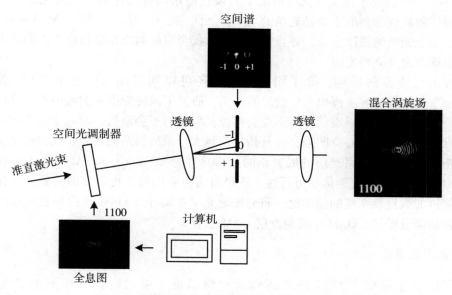

图 1.5　混合拓扑荷编码通信图（Bouchal，2004）

射，因为光束的速度是守恒的，这样，不同 OAM 态的波前在传播后仍旧是正交的。然而，如果大气湍流存在，这种正交性便不再保持，而且会引起光波强度的波动，误码率的增加和通信系统信道容量的降低[145-152]。光波受到的大气湍流散射是小角度前向散射，而且即使大气湍流波动很强时，其对光束偏振态的影响很小[153]，而受最初光束的性质如光束形状和相干性的影响比较大[154]。大气湍流[155-158]是一个随机过程，热量在空气中连续转移，不同尺寸和不同温度的空气单元被连续地分成更小的单元，直至不能消失为止，这个过程使得光学信道不均匀。因为发射光学波前在折射率分布随空间与时间变化的介质中传输，这样，经过湍流传输后，一个单轨道角动量态的能量将会重新分布在其他轨道角动量态上。因此，在实际应用中，必须考虑大气湍流对涡旋光束的影响[7]。

　　2005 年，C. Paterson[147,159,160]研究了单信道轨道角动量通信受大气影响的情况，忽略了强度波动、衍射及闪烁（scintillation）的影响，建立了一个在弱扰动情况时关于接收端轨道角动量概率的解析模型，并以拉盖尔-高斯光束为例，对其轨道角动量概率进行了数值仿真，与解析模型得到的结果一致，最后证实即使在强扰动时，该解析模型也有效。Gbur 于 2008 年[161,162]研究发现，拓扑荷不为零的涡旋光束的强度波动比拓扑荷为零的高斯光束严重，而且在一定距离范围内拓扑荷保持守恒，在此距离之外，拓扑荷平均值下降严重，这是由于探测孔径的尺寸有限及光束逐渐扩散。最后，他提出两点解决光束受大气湍流影响的方法：①增加光束的即拓扑荷，因为随着传输距离增加，原 m 阶拓扑荷会分成 m 个一阶拓扑荷，且相互不影响，因此在通信中，用拓扑荷的有无定义为 1 或 0 时，探测到拓扑荷的概率大；②增加探测器的可用孔径尺寸。Tyler[163]于 2009 年研究了最简单涡旋光束在大气中的传输特性，所用方法和得到的结论与 Paterson 类似，除了另外考虑了接收孔径的影响。上述研究是在忽略衍射效应，在弱扰动的假设下进行的，Valerii

P. Aksenov[164,165]研究了在大气扰动情况下光束轨道角动量变化的一般情况。在实际情况下，一般接收机探测到的主要是光场的功率，因此，K. C. Zhu[166]和 C. Y. Young[167]直接研究接收场上光束的强度分布，并且发现大气干扰会引起涡旋光束相位奇点的消失，而使涡旋光束逐渐变成高斯光束。

研究大气湍流的影响，除了用解析方法还可以利用相位屏法来模拟。2007 年，Konyaev[168]利用相位屏法模拟大气湍流的作用，研究了涡旋光束在湍流中的传输性质。得到经过一个相位屏后，涡旋的零点强度会移位，但绝对不会消失，而对于多个相位屏，零强度的点消失，但是中心有凹陷，而且拓扑荷越大，消失的距离越长。同时还证实高斯光和其他拓扑荷不同的光束经历的展宽相同。2008 年，Anguita Jaime A.[7]等人不仅证实了多信道 OAM 可用于大气通信的可行性，还得出信道串扰与干扰强度的关系，量化了可同时传输信道的数目及系统的信噪比，研究发现光学扰动导致 OAM 串扰并且信道间的平均串扰随扰动能量增加，OAM 串扰与发射 OAM 态有关。

3. 毫米波通信

除了用于光通信[169,170]，许多研究者也将涡旋光束的特性引用至微波毫米波通信[171,172]、射频通信[173,174]和光纤通信[175,176]。

涡旋光束用于空间通信时，不仅可以提高传输信息的容量，还可以增强系统的保密性。然而光波受大气效应的影响严重。因为毫米波具有准光学的特点，其可用带宽大，通信设备的体积小。更重要的是，毫米波受到的粒子散射小，而且大气气体（atmospheric gas）、雾等介质对毫米波束的吸收弱，所以毫米波束在传播时受大气影响较小。基于毫米波的上述优点，我们提出把光束的轨道角动量编码与毫米波通信两者相结合，这样不仅可以发挥轨道角动量编码容量大，保密性强的优势，又可以降低大气湍流对它的不利影响。目前没发现对毫米波的研究。

1）毫米波通信系统

毫米波一般指的是 30GHz～300GHz 的电磁波频谱，相应的波长为 1cm～1mm。为了便于管理和开发，人们又进一步将毫米波细分为 K_a 频段（26.5GHz～40GHz）、V 频段（40GHz～75GHz）、W 频段（75GHz～110GHz）、T 频段（110GHz～180GHz）。毫米波主要有三个基本特点：波长很短；频带很宽；在空间传播与大气环境关系密切。这三个特征使得毫米波在通信、制导、雷达、遥感和射电天文等领域得到大量的应用，下面就通信应用具体来分析：

（1）波长短。一般来说，微波元器件和电路的尺寸与工作波长有关，其基本规律是波长越短，尺寸越小，毫米波可以降低部件、系统的体积和重量。毫米波与光波在频谱表上相距很近，因此具有与光波类似的较强的方向性，这对于提高通信系统的抗干扰和抗截获能力十分有效。除此以外毫米波天线增益高，可以降低发射功率。

（2）频带宽。整个毫米波带宽高达 270GHz，它容许大量系统在此频带内工作而不互相干扰。丰富的频带资源也是提高抗干扰、抗截获能力的另一有效途径。

（3）传输特性。虽然大气衰减对毫米波传播的影响显著，但是在传输窗口，大气衰减得较小，如 35GHz 处的衰减才为 0.14dB/km，94GHz 处为 0.8dB/km。而且烟、尘、战场环境等对毫米波的传播影响较小。另外毫米波的吸收峰使得它可以用于保密通信。

目前发展的主要由毫米波波导通信系统、毫米波地面通信系统、毫米波卫星通信系统。其中的波导通信系统属于"有线"通信的范畴。而地面通信系统可分为两类：一类是短程点对点通信系统，使用的天线尺寸小，波束窄；另一类是长距离主干线通信系统。短程点对点通信又可分为两类：一类是其载频选在大气窗口 26.5GHz ~ 40GHz，以降低大气衰减；另一类的载频选在大气吸收峰约 60GHz 附近，主要用于保密通信。

毫米波通信系统主要由发射机、接收机和信道组成。在其通信设备中，发射机（又称发信机）是将基带（信息）信号转换成可在信道上传输的射频（RF）信号。在无线通信中，天线是不可缺少的，它可以将发射机沿某种传输线送来的射频信号以电磁波的形式向空间辐射；在接收端，天线的作用是收集发射端发来的电磁波并通过传输线送入接收机（又称收信机）。接收机的作用是进行与发射机相反的处理。接收机收到的电磁波的传播途中所经过的空间区域称为信道。

2）毫米波涡旋束的产生与探测

具有相位奇点的波束不仅存在于光波中，也可以存在于毫米波中，Brand 于 1997 年证明了这点，并且从实验中得到了具有轨道角动量的毫米波束。[177]他先仿真离轴干涉得到的相息图，然后制成周期为 $D=8.36mm$ 的透射型叉形相位光栅（因为相位光栅的衍射效率比幅度光栅要高[178]），然后利用 105GHz 波长为 2.86mm 的毫米波源（IMPATT solid-state oscillator）照射该相位光栅，最后采用距离光栅后端 300mm 处的 Ka-波段波导来接收，并传给平方律晶体探测器探测，验证得到的波束带有相位奇点。为了确保信号强度不会太弱，实验中还采用了光学斩波器和锁幅器。此后 Brand 还对实验装置进行了一些修改，同样能给毫米波束中引入相位奇点，比如把透射光栅制成反射光栅[179,180]，或者不用锁幅器而加入两个焦距为 300mm 的 TPX 透镜。[181]同时，Brand 还证明了当用 $l=1$ 的光束照射一个叉形位错的光栅时，能得到 $l=0$ 的光束[181]，这也为带有轨道角动量的毫米波束的拓扑荷探测提供了重要的支撑作用。毫米波段的涡旋束的产生与探测奠定了带有轨道角动量毫米波束用于空间通信的基础。

3）携有轨道角动量的毫米波束通信系统

利用毫米波波束的混合轨道角动量编码来实现空间通信，既可以减小大气吸收、大气散射等大气效应对空间通信的影响，也可以发挥轨道角动量编码技术的信息传输容量大和保密性强的优势，因此把具有轨道角动量的毫米波束应用于空间通信中可以增加系统的容量和信噪比。

采用一个 40GHz 的毫米波信号源（MMW Oscillator）发出毫米波束，由透镜傅里叶变换后，经过空间光调制器获得轨道角动量，在此过程中实现编码，经编码后的带有轨道角动量的波束再经过准光学望远镜扩束后传输到天线上，由天线把带有轨道角动量的毫米波束辐射到空间信道中。之后，经过空间传输的带有轨道角动量的毫米波束由天线接收，被准光学望远镜准直，再传输到空间光调制器中进行解码，然后经过透镜傅里叶变换，在透镜后焦面上的焦平面成像系统显示出强度图。

通信系统所要传送的信息直接收拓扑荷来表现，产生拓扑荷和接收拓扑荷的过程就是上述编码和解码的过程，其具体操作如下：具有轨道角动量的毫米波波束由相位全息图实现，通过计算机得出相位全息图，利用空间光调制器实现相位全息图的功能。相位全息图是中心存在位错（相位奇点）的全息图，位错的数目与所要产生的拓扑荷数相同。当用高斯毫米波束照射全息图后，其一级衍射波束就是含有相位因子 $\exp(il\varphi)$ 的毫米波束。在解码时假设被测光束的拓扑荷为 s，它入射至分叉数为 l 的相息光栅后，则一阶衍射光束的拓扑荷应为 $s+l$。如果此时接收到的光强图中心为一个亮点即光强中心不为零，说明其拓扑荷为零，即 $s+l=0$，则可以得出发射光束的拓扑荷为 $-l$。

从上述应用状况可知，涡旋光束是近 30 年来兴起的研究热点，因其携带信息容量大及可提高系统保密性，因此在激光通信、遥感成像、信息安全等领域具有广泛的应用前景。一个通信或遥感系统至少需要三大部分组成：发射、传输和接收。其中发射系统主要指的是产生涡旋光束的过程，或者是把信息加载到光束的拓扑荷的过程，即拓扑荷编码；传输过程主要是指涡旋光束在空间中（比如自由空间或湍流大气）的传输特性；接收就是从接收到的光束中确定出光束的拓扑荷值，从而提取发射的信息。目前，在轨道角动量编码的空间光通信中，采用的最简单的编码方式是光束的单个拓扑荷编码，光束的拓扑荷直接表示所需传送的信息，利用相位全息图发射与探测每次发送的信息，即拓扑荷。同时，也可以利用光束的混合拓扑荷编码，实现多信道同时传输的通信系统。相对发射技术而言，传输和接收过程研究得比较少，但是在通信或遥感系统中，这两部分也非常关键，所以有必要对两者进行深入的研究。

在涡旋光束的传输过程中，由于系统在应用中必须具有比较高的对准精度才能保证其数据接收的准确性，而接收孔径与光束之间可能发生偏移，这会引起被接收光束的螺旋谱弥散，导致系统的信噪比降低，系统的误码率增加。另外，当具有轨道角动量的光束在大气中传输时，大气湍流不仅会引起光束的传播距离变短，光波功率出现波动，误码率的增加和通信系统信道容量的降低，更重要的是还会导致光束的轨道角动量的弥散，使接收端无法及时准确地解码出发送的信息。因此，为了实现大容量，高安全性的信息传输系统，必须解决上述两点问题。

在接收时，已有的涡旋光束的拓扑荷的测量方法主要有相位全息法，但是其对精度要求高，价格昂贵；也有双缝干涉法，但是该方法中双缝的长度必须与光束宽度相当，不易实现，因此为了实现光束轨道角动量编码通信的实用化，寻求一种新的简单可行的涡旋光束的拓扑荷的测量方法显得极为重要。

第 2 章　涡旋光束的产生与探测

2.1　产生

随着涡旋光束的研究逐渐深入，已经提出了多种产生涡旋光束的方法[182]，目前用于产生轨道角动量的方法主要有三种：螺旋相位板法[183,184]、棱镜转换法[42,185-189] 和计算全息法[177,179-181,190-200]。其中螺旋相位板法是较早提出的一种，它利用厚度与相对于板中心的旋转方位角成正比的螺旋相位板来产生具有螺旋型相位结构的涡旋光束。螺旋相位板的螺旋形表面使透射光束光程的改变不同，引起相位的改变量也不同，从而使透射光束产生一个具有螺旋特征的相位因子。该方法可以实现较高的转换效率，但是产生的涡旋光束的拓扑荷值不唯一，而且对螺旋板的制作工艺要求高，过程复杂。棱镜转换法是利用特殊棱镜改变入射光束的模式，得到所需模式的出射光。该光法可以得到纯拉盖尔-高斯模，且转换效率高，但是必须输入特定的厄米特-高斯（Hermite-Gauss，HG）模才能得到所需要的拉盖尔-高斯模，因此大大限制了可以产生的拉盖尔-高斯模的范围[4]。目前应用最普遍的是计算全息法，它不仅可以全面地记录光波的振幅和相位，而且能综合复杂的，或者世间不存在物体的全息图，因而具有独特的优点和极大的灵活性，已得到广泛的应用。它的工作原理是利用计算机仿真出中心存在分叉的相位全息图，分叉的数目与所要产生的涡旋光束的拓扑荷数相同，然后制成相位全息光栅，高斯光束经过此相位全息光栅后，就能在衍射阶上得到具有轨道角动量的光束。随着空间光调制器（spatial light modulator，SLM）的产生与发展，计算全息法不再需要通过制作全息光栅来实现，可以直接由空间光调制器来显示计算全息图，从而实现光束的相位调制，这样既免去了复杂繁琐的光栅制作过程，也使得奇点的引入更加实时且灵活多变。除了上述三种主要方法之外，近年来也有利用光纤来产生涡旋光束的研究[73-79,201]。以上方法产生的拉盖尔-高斯光束的径向指数 p 只能等于零，ARLT 等人提出了一种新的计算全息法[198]，通过把一个圆环引入到被照明的全息图中以产生一个不连续环，这样圆环附近光栅的相位比其他地方提前 π，利用这种带圆环的全息图可以得到 $p > 0$ 的拉盖尔-高斯模。

2.1.1　螺旋相位板法

利用螺旋相位板产生具有螺旋型相位结构的光波是较早提出的一种方法[183]。螺旋相位板（spiral phase plate，SPP），是厚度与相对于板中心的旋转方位角 ϕ 成正比的透明板，表面结构类似于一个旋转的台阶，如图 2.1 所示是一个台阶高度为 s 的螺旋相位板。

当一光束通过这样的一个透明板时，由于 SPP 的螺旋形表面使透射光束光程的改变

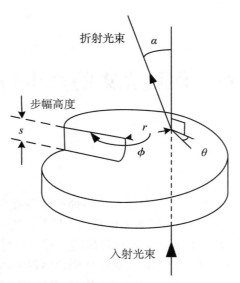

图 2.1　螺旋相位板（Takenaka，1985）

不同，引起相位的改变量也不同，这样能够使透射光束产生一个具有螺旋特征的相位因子。当光束发散量较小并且螺旋板的步幅高度 s 不算很大的情况下，SPP 对透射光束的强度基本上没有影响，可以认为是一个纯相位型的调制工具。设入射光的复振幅为 $u(r,$ $\phi,z)$，则透过螺旋板后光束的振幅 u' 可表示为

$$u' = u\exp(-i\Delta l\phi)　　　　　　　　　　（2.1）$$

其中，Δl 是以波长为单位表示的 SPP 步幅高度，$\Delta l = \Delta ns/\lambda$，$\Delta n$ 是螺旋板与其周围媒质折射率的差值，λ 是真空中的波长。

　　螺旋相位板法不仅可以产生光波上的拉盖尔-高斯光束，还可以在毫米波上产生拉盖尔-高斯光束[184]。使用 SPP 的方式产生拉盖尔-高斯光束能够实现较高的转换效率，这是这种方法的优点。缺点就是产生的拉盖尔-高斯光束的拓扑荷值不是唯一的，此外高质量的 SPP 制备比较困难，而且对于某一 SPP，使用特定模式的激光只能产生唯一的输出，不能灵活控制产生光学涡旋的种类和参数。

2.1.2　棱镜转换法

　　激光束通过某种特殊棱镜能够改变入射光束的模式，得到不同模式的出射光。常见的几种具有螺旋相位结构的光束，大多可以使用棱镜转换器得到，例如，使用两个柱面透镜可以构成一个模式转换器，可以用来实现厄米特-高斯光束与拉盖尔-高斯光束的互相转换[42]，也可以只采用一个 Dove 棱镜实现[187]。

1. 柱面透镜

M. W. Beijersbergen[42]在 1993 年使用一对柱面透镜实现了任意阶的 HG_{nm} 光束到相应

的 LG_p^l 光束的转换。利用 Hermite 和 Laguerre 多项式的关系，拉盖尔-高斯和厄米特-高斯模式之间可以建立以下关系：

$$u_{pl}^{LG}(x, y, z) = \sum_{k=0}^{N} i^k b(n, m, k) u_{N-k, k}^{HG}(x, y, z) \tag{2.2}$$

其中，实系数 $b(n, m, k) = \left[\dfrac{(N-k)!\, k!}{2^N n!\, m!} \right]^{1/2} \dfrac{1}{k!} \dfrac{d^k}{dt^k} \left[(1-t)^n (1+t)^m \right]_{t=0}$。厄米特-高斯模的指数 (n, m) 对应着拉盖尔-高斯模指数。$l = |n-m|$，$p = \min(m, n)$。公式中的因子 i^k 表明拉盖尔-高斯与厄米特-高斯之间存在着 $\pi/2$ 的相差。利用 Gouy 计算发现，一对相同的柱面透镜在相距 $\sqrt{2}f$ 对称放置可以实现 $\pi/2$ 的相位转换，实验原理图如图 2.2 所示。

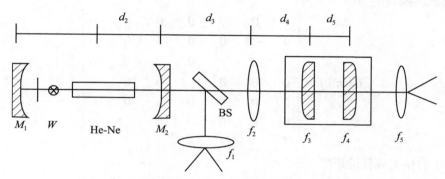

图 2.2 实验原理图（M. W. Beijersbergen，1993）

实验中使用带有 Brewster 窗口的 35cm 长的氦氖（H_e-N_e）激光器，其中 M_1 是高反射镜，M_2 是输出透镜，为了使激光器产生高阶 HG 模，在 M_1 前放置两根与光束传播方向垂直的直径 20μm 的金属丝 W，其中一根水平放置，另一根金属丝垂直放置。从激光器输出的激光束经分束器 BS 分为两束，一束经过焦距为 f_2 的透镜模式匹配后进入 $\pi/2$ 转换器（由两个焦距为 $f_3 = f_4 = 19$mm 的柱面透镜组成），最后经焦距为 f_5 的透镜输出；另一束经焦距为 f_1 的透镜发散后直接显示在屏幕上。实验结果显示，输入的不带轨道角动量的 HG_{nm} 模式的激光束经过 $\pi/2$ 模式转换器后得到了相应的 LG_p^l 光束。

上述由厄米特-高斯模转换成拉盖尔-高斯模的过程也可以通过理论来描述[185]。众所周知，当一束偏振光通过双折射光学元件时，可以利用琼斯矩阵的方法来描述。与此相类似，也可以构造琼斯矩阵来描述涡旋光束通过模式转换器的状态。任何 N 阶模都可以扩展成 $N+1$ 个同阶厄米特-高斯模或拉盖尔-高斯模的叠加，则可用一列矢量来代表一个输入输出模式：

$$\boldsymbol{u}_{in} = \begin{bmatrix} a_{N, 0} \\ a_{N-1, 1} \\ \vdots \\ a_{1, N-1} \\ a_{0, N} \end{bmatrix} \tag{2.3}$$

其中，$a_{n,m}$ 是 (n, m) 阶 HG 模的复数幅度系数。

$\pi/2$ 模式转换器的矩阵表示为：

$$[\boldsymbol{C}(\pi/2)] = \begin{bmatrix} 1 & 0 & 0 & 0 & 0 & 0 & \cdots \\ 0 & -i & 0 & 0 & 0 & 0 & \cdots \\ 0 & 0 & -1 & 0 & 0 & 0 & \cdots \\ 0 & 0 & 0 & i & 0 & 0 & \cdots \\ 0 & 0 & 0 & 0 & 1 & 0 & \cdots \\ 0 & 0 & 0 & 0 & 0 & -i & \cdots \\ \vdots & \vdots & \vdots & \vdots & \vdots & \vdots & \cdots \end{bmatrix} \tag{2.4}$$

π 模式转换器的矩阵表示为：

$$[\boldsymbol{C}(\pi)] = \begin{bmatrix} 1 & 0 & 0 & 0 & 0 & 0 & \cdots \\ 0 & -1 & 0 & 0 & 0 & 0 & \cdots \\ 0 & 0 & 1 & 0 & 0 & 0 & \cdots \\ 0 & 0 & 0 & -1 & 0 & 0 & \cdots \\ 0 & 0 & 0 & 0 & 1 & 0 & \cdots \\ 0 & 0 & 0 & 0 & 0 & -1 & \cdots \\ \vdots & \vdots & \vdots & \vdots & \vdots & \vdots & \cdots \end{bmatrix} \tag{2.5}$$

$N=1$ 的模式旋转的矩阵表示为：

$$[\mathrm{rot}(\varphi)] = \begin{bmatrix} \cos(\varphi) & \sin(\varphi) \\ -\sin(\varphi) & \cos(\varphi) \end{bmatrix} \tag{2.6}$$

$N=2$ 的模式旋转的矩阵表示为：

$$[\mathrm{rot}(\varphi)] = \begin{bmatrix} \cos^2\varphi & \dfrac{\sin 2\varphi}{\sqrt{2}} & \sin^2\varphi \\ \dfrac{-\sin 2\varphi}{\sqrt{2}} & \cos 2\varphi & \dfrac{\sin 2\varphi}{\sqrt{2}} \\ \sin^2\varphi & \dfrac{-\sin 2\varphi}{\sqrt{2}} & \cos^2\varphi \end{bmatrix} \tag{2.7}$$

由此，模式转换的过程可以通过矩阵运算得出，比如当 $(2, 0)$ HG 模式的方向在 45°，输入进一个 $\pi/2$ 转换器，则输出光束的列矢量为

$$\boldsymbol{u}_{\mathrm{out}} = [\boldsymbol{C}(\pi/2)] \times [\mathrm{rot}(45°)] \times [HG_{2,0}]$$

$$= \begin{bmatrix} 1 & 0 & 0 \\ 0 & -i & 0 \\ 0 & 0 & -1 \end{bmatrix} \times \begin{bmatrix} \dfrac{1}{2} & \dfrac{1}{\sqrt{2}} & \dfrac{1}{2} \\ \dfrac{-1}{\sqrt{2}} & 0 & \dfrac{1}{\sqrt{2}} \\ \dfrac{1}{2} & \dfrac{-1}{\sqrt{2}} & \dfrac{1}{2} \end{bmatrix} \times \begin{bmatrix} 1 \\ 0 \\ 0 \end{bmatrix} = \begin{bmatrix} \dfrac{1}{2} \\ \dfrac{i}{\sqrt{2}} \\ \dfrac{-1}{2} \end{bmatrix} \tag{2.8}$$

据此上式就可得到一个 $(0, 2)$ 阶拉盖尔-高斯模式。采用同样的方法可以得到当左（右）

旋拉盖尔-高斯模输入进一个 π 转换器后，得到的输出光束为右（左）旋拉盖尔-高斯模。上述两种行为与偏振光的性质相对应，也就是一束线偏振光经过 $\dfrac{\lambda}{4}$ 波片后变成圆偏振光，而左（右）旋圆偏振光经过 $\dfrac{\lambda}{2}$ 波片后变为右（左）旋圆偏振。

2. Dove 棱镜

用一个光学元件比如 Dove 棱镜也能作为转换器，而且操作更简单[187]。当输入光束的表达式为

$$A_{in}(r,\ \phi) = r^l \exp(-r^2/w_0^2)\exp(il\phi) \tag{2.9}$$

由几何光学可以得出输出光束的表达式为

$$A_{out}(r,\ \phi) = N\left(\frac{x}{w_x} + i\frac{y}{w_y}\right)^l \exp\left(-\frac{x^2}{w_x^2} - \frac{y^2}{w_y^2}\right)\exp\left(i\frac{kx^2}{2R_x} + i\frac{ky^2}{2R_y}\right)\exp(-il\phi) \tag{2.10}$$

其中，$\bar{R}_{x,\,y} = \bar{z}_{x,\,y}[1 + (z_0/\bar{z}_{x,\,y})^2]$，$\bar{w}_{x,\,y} = w_0\,[1 + (\bar{z}_{x,\,y}/z_0)^2]^{1/2}$，$\bar{z}_x = z_x + \left[\dfrac{L}{n} - \dfrac{h_0}{\tan\alpha}\left(1 - \dfrac{1}{n}\right)\right]$，$\bar{z}_y = z_y + h_0\left[\dfrac{\eta}{n} + \dfrac{1}{\tan\alpha}\right]$，$z_x$，$z_y$ 为原输入光束的光腰位置。研究表时，当 w_0 值大的拉盖尔-高斯光束通过 Dove 棱镜后，输出光束的拓扑荷的符号相反。而当聚焦光束（w_0 值小）通过时，纯拉盖尔-高斯光束会变成不同轨道角动量指数的谐波分量的叠加。

棱镜转换方法的最大优点是能够得到很高的转换效率和较纯的拉盖尔-高斯模式。但是转换系统结构比较复杂，柱面透镜的使用增加了设备的制作难度；另外，利用这种方法要产生一定拓扑荷的拉盖尔-高斯光束有赖于相应的 HG_{mn} 模式的入射光束，但常用的激光器通常只能输出固定模式的激光，因此不能灵活产生不同模式的拉盖尔-高斯光束。

2.1.3　计算全息法

计算全息法就是利用了涡旋光束的波前位错特性。计算全息法中的相位全息图是由计算机仿真实现的，它不需要物体实际存在，只需将物波的数学描述输入至计算机，然后经过计算机处理，再控制成图仪器如打印机制成图即可，具有灵活、快速、适用范围广的特点[202]。最初产生涡旋光束，是把相位全息图从计算机输出后，再经过打印、漂白、烧刻等加工过程制成周期型光栅[197,203]，一个全息光栅的位错数只能固定一个，因此每个光栅只能产生拓扑荷固定的涡旋光束。自从空间光调制器问世后，计算全息法便不再需要通过制作全息光栅来实现，可以直接由空间光调制器来显示计算全息图，这样不仅免去了复杂繁琐的光栅制作过程，而且使奇点的引入更加实时且灵活多变。

1. 计算全息图

计算全息法是通过在入射的光束中引入相位奇点产生光学涡旋。由于相位奇点的引入，全息图通常是中心存在错位（相位奇点）的周期型光栅，错位的数目与所要产生的

光学涡旋的拓扑荷数相同。对于中心错位数为 l，光栅常数为 Λ 的全息光栅，明暗条纹由下式决定：

$$l\phi = n\pi + \frac{2\pi}{\Lambda}r\cos\varphi \qquad (2.11)$$

当用基模高斯光照射全息图时，再现的一级衍射光波就是含有相位因子 $\exp(il\phi)$ 的光束。

最早在 1992 年，N. R. Heckenberg 等人利用计算全息图产生低阶混合圆环模（lowest-order hybrid doughnut mode）[191]。之后又出现具体的全息制作方法的报道[190,197]。利用平面波与低阶混合圆环模相干涉所得的干涉项为零时便对应着亮条纹与暗条纹的边界，$\pm P\theta = (n + 1/2)\pi + kr^2/2R$，（$n = 0$，$\pm 1$，$\pm 2$，$p$ 为需要产生的拓扑荷）利用此式制成一个二进制全息图，此时光栅全息图为螺旋形。如图 2.3 所示。当两干涉波发生离轴干涉时，在上式基础上会产生一个额外项 $\pm P\theta = (n + 1/2)\pi + kr^2/2R + kr\sin\gamma\cos\theta$，$\gamma$ 为离轴角度。此时的光栅图样在中心出现叉形，如图 2.3 右图所示。当光栅的叉形位错为 l 时，一束平面光照射此光栅后，光栅的 0，± 1 级衍射出的光束的拓扑荷分别为 0，$\pm l$。在实验中，利用 Mach–Zehnder 干涉装置可以给光束引入所需的相位奇点。同年，M. S. SOSKIN 工作组的成员从理论与实验上验证更复杂的带有波前螺旋位错的光束[193,194]。他们首先利用计算机仿真叉形光栅相息图，然后从计算机屏幕上摄取照片，然后将光栅的尺寸缩小至 $2\times2.5\text{mm}^2$，光栅间隔取为 0.1mm，便制得所需的衍射光栅。再利用波长为 $\lambda = 0.63\mu m$ 的 He-Ne 激光器照射光栅，± 1 级衍射便可得到涡旋光束。

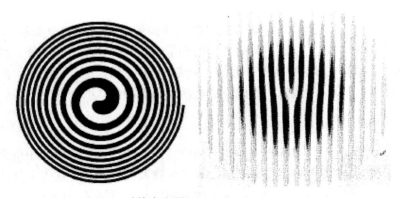

图 2.3　计算全息图（N. R. Heckenberg，1992）

具有相位奇点的波束不仅存在于光波中，也可以存在于毫米波，计算全息法也能实现毫米光束中相位奇点的引入[177,179-181]。G. F. Brand 主要研究了在毫米波波段光束的相位奇点的产生，利用离轴干涉得到的公式，制成周期为 $D = 8.36\text{mm}$ 的叉形光栅，并用 105GHz IMPATT solid-state oscillator 波长为 2.86mm 的毫米波源照射，便得到中空心强度的带有奇点的毫米波波束。在实验中还证明了当用 $l = 1$ 的光束照射一个叉形位错的光栅时，能得到 $l = 0$，$l = 1$，$l = -2$ 的光束。由于所需的光束在光栅的 ± 1 级衍射上，普通的平板光栅所得的 ± 1 级衍射低，因为可以把光栅制成倾斜角为 $\theta_b = 10°$ 的 blazed 光栅。基本最大值衍射（principal maximum of the diffraction term）的方向可以通过光栅方程来得到 $\phi - \phi' =$

$2\theta_b$，ϕ 为入射角，并且干涉最大值发生在 $\sin\phi - \sin\phi' = m\dfrac{\lambda}{D}$。当入射角为 $\phi = 20°$，$m = 1$ 的干涉最大值方向与（principal maximum of the diffraction term）方向相同 $\phi' = 0°$。另外相位光栅的衍射效率比幅度光栅要高[178]。研究表明即使采用 blazed 光栅，所探测得的奇点波束的强度仍然很小，当采用强度值大的平面波与之相干涉时，就可测得足够高的强度值。假设衍射光束的电场表达式为 $E_1 = Af(t)\cos(\omega t + \alpha)$，其中 $f(t)$ 描述的是斩波频率的调制，而参考波束为 $E_2 = B\cos(\omega t + \beta)$，平方律水晶探测器的输出与电场的平方成正比。但是由于二极管的电容量，所有高毫米波频率项都丢失。则奇点光束的锁相放大器的输出为 $V_1 \propto A^2$，而测干涉项的输出为 $V_2 \propto A^2 + 2AB\cos(\alpha - \beta)$。因为参考波束的强度远大于被衍射波束（$B \gg A$），上式可忽略第一项，则干涉的强度与两幅度的乘积成正比。与圆环样式的衍射信号相比，更易观察[177]。

利用以上方法产生的拉盖尔-高斯光束的 p 只能等于零。J. Arlt 等人提出了一种新的计算全息法[198]，把一个圆环引入被照明的全息图中产生一个不连续环（如图 2.4 所示）。因为圆环附近光栅的相位比其他地方提前 π，所以可以得到 $p > 0$ 的拉盖尔-高斯模。最后得到的 mth 衍射阶光束的复数幅度为

$$a_{pl} = \langle T(r, \phi)E_{in}(r), \; u_p^l(r, \phi, 0)\exp(-im\frac{2\pi}{\Lambda}r\cos\phi)\rangle$$

$$= \iint T(r, \phi)E_{in}(r)\left[u_p^l(r, \phi, 0)\exp\left(-im\frac{2\pi}{\Lambda}r\cos\phi\right)\right]^* r\mathrm{d}r\mathrm{d}\phi \quad (2.12)$$

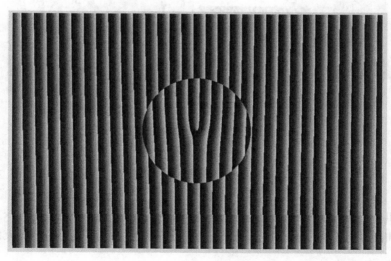

图 2.4 $p = 1$，$l = 1$ 的相息图（J. ARLT, 1998）

随着空间光调制的产生与发展，计算全息法不再需要通过制作全息光机来实现，可以直接由空间光调制来显示计算全息图，从而实现光束的相位调制。这样既免去了复杂繁琐的光栅制作过程，而且奇点的引入更实时且灵活多变。经 F. Fatemi 验证虽然连续调制有

的效率更低，但是刷新速度慢，只有 10Hz，而二进制空间光调器制的刷新率可达几千赫兹[199]。

2. 相位全息图

利用参考平面波与所需产生的物波即涡旋光束相干涉后所得的干涉项最大值，将其等高线绘制成图便可以得到中心具有分叉的相位全息图

$$s\phi - k_x r\cos\phi = 2\pi n, \quad n = 0, \quad \pm 1, \quad \pm 2, \cdots \tag{2.13}$$

其中，s 为产生涡旋光束的拓扑荷值，k_x 为横向波数，r，ϕ 为极坐标中的半径和方位角。公式（2.13）的等高线也可用下式表示

$$(1/2\pi)\mathrm{mod}(s\phi - k_x x, \ 2\pi) \tag{2.14}$$

其中，k_x 决定了在 x 方向的各级衍射的分离情况，当 $k_x = 0$ 时，也就是当涡旋光束与参考平面波同轴相干时，得到的一级和零级衍射共线性叠加，产生的是一星形的相位全息图，如图 2.5（a）所示；当 $k_x \neq 0$ 时，也就是当涡旋光束与参考平面波离轴相干时，得到的是中心有分叉的叉形相位全息图，如图 2.5（b）所示。

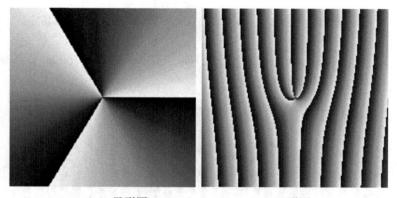

（a）星形图　　　　　　　　（b）叉形图

图 2.5　计算全息图

图 2.6（a）所示的相位全息图为 y 方向与 x 方向衍射相叠加所得（图 2.6 中 x 方向产生的 $s_x = 1$，y 方向的 $s_y = 3$）。当用高斯光束照射该相位全息图时，得到的衍射光束的拓扑荷为 x 和 y 方向分别得到的衍射阶上拓扑荷的叠加，便可以得到一个 3×3 的阵列形式的衍射图，如图 2.6（b）所示，图中各数字代表各衍射阶上产生的涡旋光束的拓扑荷。

2.1.4　超表面涡旋

超表面是一类二维超材料，是近十年来的研究前沿与国际热点。2011 年，哈佛大学 Federico Capasso 教授课题组 Nanfang Yu 等首次提出了"V"形天线的超表面结构，实现表面相位连续调控等新的光学现象，并对经典斯涅尔定理进行了完善[204]。之后，超表面便成为世界各军事强国竞相角逐的颠覆性技术。超表面因为具有超薄、结构紧凑、易于加

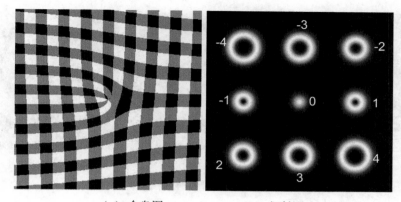

（a）全息图　　　（b）衍射图

图 2.6　x，y 方向叠加的全息图及其衍身图

工，能自由调控波前，在相位/振幅全息显示、超分辨成像、涡旋光束、电磁隐身等领域展现出巨大的应用前景[205,206]。与传统光学元件相比，超表面具有亚波长或波长级别的厚度，这使得它们能够集成到紧凑的器件中[206,207]。同时，超表面可以调制光的振幅、相位、偏振、轨道角动量（Orbital Angular Momentum，OAM）等属性，能用于产生涡旋光，且厚度薄、结构紧凑、易于控制和集成。

　　基于超表面的众多优点，众多国内外科研团队开展了用超表面产生涡旋光束的研究工作。2020 年，南京邮电大学针对超表面结构对光场的调控进行了研究[208]；2021 年，西安交通大学利用超表面产生了多波束多模态的太赫兹涡旋波[209]；2021 年，电子科技大学杨元杰团队就超表面产生涡旋光的机理与方法进行了综述[210]；同年，中国矿业大学研究了基于超表面的涡旋电磁波的产生及调控[211]；2022 年，美国哈佛大学 Ahmed H. Dorrah 和 Federico Capasso 研究团队，综述了对利用输入光自身的不同属性作为“光旋钮”，来调整输出响应的超表面的相关研究工作[212]。

2.2　探测

　　为了验证涡旋光束的存在，一般从两点来证明：一是光束的强度图为中间空芯的圆环，二是如果将此光束与一平面波进行同轴干涉，应得到螺旋状强度图[213-216]，如图 2.7 所示。

　　涡旋光束的拓扑荷用于编码通信时，在接收端测量拓扑荷的准确性对整个通信系统非常重要。涡旋光束的拓扑荷主要通过计算全息法和干涉法测量。计算全息法不仅是产生涡旋光束的一种方法，还是测量涡旋光束的拓扑荷的重要方法。假设被测光束的拓扑荷为 s，它入射至分叉数为 l 的相位全息光栅后，则一阶衍射光束的拓扑荷应为 $s+l$。如果此时接收到的光强中心不为零，说明其拓扑荷为零，即 $s+l=0$，则可以得出入射光束的拓扑荷为 $-l$[111,217]。干涉法的思想是，让涡旋光束通过双缝或多孔径模板，接收干涉强度

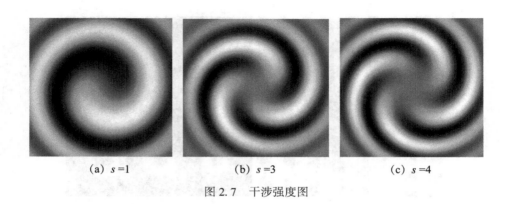

(a) $s=1$　　　　　　(b) $s=3$　　　　　　(c) $s=4$

图 2.7　干涉强度图

图，把得到的干涉强度图与被测涡旋光束的拓扑荷的对应关系相比较，从而推出入射光束的拓扑荷[218,219]。

　　计算全息法是利用相位全息光栅来测量涡旋光束的拓扑荷，本节会深入研究相位全息光栅测量光束拓扑荷时的解析特性，并且分析在光束与相位全息光栅不对准时其特性的变化情况。另外提出一种新的模板探测法，可以同时测量拉盖尔-高斯光束的拓扑荷（也称角向指数）和径向指数，使角向指数和径向指数的同时编码成为可能，有利于提高通信系统的容量，也可以用于测量反常涡旋光束的拓扑荷。

2.2.1　相位全息光栅探测的解析特性

　　目前对相位全息光栅的衍射特性研究都是采用无限级数叠加的方法，这不利于精确研究衍射光束的幅度和相位特性，尤其在研究光束的演变特性时，级数叠加的方法就显得比较复杂，因此需要对其解析特性进行讨论[220]。由文献[220]对相位全息光栅解析特性的研究可知，高斯光束经过相位全息光栅时，实际产生的是 Kummer 光束，而在傍轴近似下就可以得到拉盖尔-高斯光束。当入射的高斯光束与相位全息光栅的中心不对准时，产生的光束仍然可以写成 Kummer 光束的形式，但是此时强度分布已经不再是旋转对称的，而是会出现强度最大值点[221]。

　　然而上述文献研究的只是相位全息光栅用于产生涡旋光束的过程，由上述内容可知相位全息光栅也是测量涡旋光束的拓扑荷的主要方法，因此研究相位全息光栅用于测量时的解析特性也很重要。本小节[222]主要推导出涡旋光束与相位全息光栅不对准时衍射光束的解析表达式，并且分析在正常对准、横向偏移、角向倾斜及横向偏移和角向倾斜两者同时存在时的衍射光束特性。

1. 理论推导

1）正常对准

经相位全息光栅衍射后，一阶衍射阶上的光束可以表示为[220]

$$u(\rho,\ \psi,\ z) = \frac{k\exp(ikz)}{2\pi iz} \int u_a(r,\ \phi)\exp(il\phi)$$

$$\times \exp\left\{\frac{ik}{2z}[r^2 + \rho^2 - 2r\rho\cos(\phi-\psi)]\right\}rdrd\phi \qquad (2.15)$$

其中，$u_a(r,\ \phi)$ 为入射光束，l 为相位全息光栅的分叉数。

将 1.1.1 节中拉盖尔-高斯光束的表达式（1.5）代入上式可以得到

$$u(\rho,\ \psi,\ z) = \frac{k\exp(ikz)}{2\pi iz} \int A\left[1 + \left(\frac{z_a}{z_0}\right)^2\right]^{-0.5}\exp\left[-\left(\frac{r}{w(z_a)}\right)^2\right]\left[\frac{\sqrt{2}r}{w(z_a)}\right]^s\exp(is\phi)$$

$$\times \exp\left[i(s+1)\arctan\left(\frac{z_a}{z_0}\right) + i\left(\frac{r}{w(z_a)}\right)^2\frac{z_a}{z_0} + ikz_a\right]$$

$$\times \exp(il\phi)\exp\left\{\frac{ik}{2z}[r^2 + \rho^2 - 2r\rho\cos(\phi-\psi)]\right\}rdrd\phi$$

$$= \frac{kA}{2\pi iz}\left[1 + \left(\frac{z_a}{z_0}\right)^2\right]^{-0.5}\left[\frac{\sqrt{2}}{w(z_a)}\right]^s\exp\left[i(s+1)\arctan\left(\frac{z_a}{z_0}\right) + i\frac{k}{2z}\rho^2\right]$$

$$\times \exp(ikz_a + ikz)\int_0^\infty r^{s+1}\exp\left[-\left(\frac{1}{w^2(z_a)} + i\frac{1}{w^2(z_a)}\frac{z_a}{z_0} - \frac{ik}{2z}\right)r^2\right]dr$$

$$\times \int_0^{2\pi}\exp[i(s+l)\phi]\exp\left[-\frac{ik}{z}r\rho\cos(\phi-\psi)\right]d\phi$$

$$\qquad (2.16)$$

由积分式

$$\exp(ix\cos\theta) = \sum_{l=-\infty}^{\infty}i^l J_l(x)\,e^{il\theta} \qquad (2.17)$$

$$\int_0^{2\pi}\exp(im\varphi)d\varphi = \begin{cases}2\pi & (m=0)\\0 & (m\neq0)\end{cases} \qquad (2.18)$$

$$J_{-l}(x) = (-1)^l J_l(x),\qquad J_l(-x) = (-1)^l J_l(x) \qquad (2.19)$$

可得出关于相位的积分项的结果

$$\int_0^{2\pi}\exp[i(s+l)\phi]\exp\left[-\frac{ik}{z}r\rho\cos(\phi-\psi)\right]d\phi$$

$$= \sum_{m=-\infty}^{\infty}i^m J_m\left(-\frac{kr\rho}{z}\right)\int_0^{2\pi}\exp[i(s+l)\phi + im(\phi-\psi)]d\phi$$

$$= \sum_{m=-\infty}^{\infty}(-i)^m J_m\left(\frac{kr\rho}{z}\right)\exp(-im\psi)\int_0^{2\pi}\exp[i(s+l+m)\phi]d\phi \qquad (2.20)$$

$$= 2\pi(-i)^{-s-l}J_{-s-l}\left(\frac{kr\rho}{z}\right)\exp[i(s+l)\psi]$$

于是可将式（2.16）转变成

$$u(\rho,\ \psi,\ z) = \frac{kA\ (-i)^{-s-l}}{iz\sqrt{1+\left(\dfrac{z_a}{z_0}\right)^2}}\left[\frac{\sqrt{2}}{w(z_a)}\right]^s \exp\left(i\frac{k}{2z}\rho^2\right)$$

$$\times \exp\left[i(s+1)\arctan\left(\frac{z_a}{z_0}\right)+i(s+l)\psi+ikz_a+ikz\right] \tag{2.21}$$

$$\times \int_0^\infty r^{s+1}J_{-s-l}\left(\frac{kr\rho}{z}\right)\exp\left[-\left(\frac{1}{w^2(z_a)}+i\frac{1}{w^2(z_a)}\frac{z_a}{z_0}-\frac{ik}{2z}\right)r^2\right]dr$$

再根据贝塞尔函数的积分性质[223]

$$\begin{cases}\displaystyle\int_0^\infty x^u e^{-\alpha x^2}J_v(\beta x) = \frac{\beta^v \Gamma\left(\dfrac{1}{2}v+\dfrac{1}{2}u+\dfrac{1}{2}\right)}{2^{v+1}\alpha^{\frac{1}{2}(v+u+1)}\Gamma(v+1)}{}_1F_1\left(\frac{v+u+1}{2};\ v+1;\ -\frac{\beta^2}{4a}\right)\\ \mathrm{Re}\,\alpha>0,\ \mathrm{Re}(\mu+v)>-1\end{cases} \tag{2.22}$$

代入式（2.21），并化简得出正常对准时，拉盖尔-高斯光束经相位全息光栅传输后的表达式

$$u(\rho,\ \psi,\ z)=\frac{kA}{iz}\left[1+\left(\frac{z_a}{z_0}\right)^2\right]^{-0.5}\left[\frac{\sqrt{2}}{w(z_a)}\right]^s \frac{\left(\dfrac{k\rho}{iz}\right)^{-l-s}\tau\left(1-\dfrac{l}{2}\right)}{2^{1-l-s}C^{\left(1-\frac{l}{2}\right)}\tau(1-l-s)}$$

$$\times {}_1F_1\left[1-\frac{l}{2};\ 1-l-s;\ -\frac{\left(\dfrac{k\rho}{z}\right)^2}{4C}\right]\exp\left[i(s+l)\psi\right] \tag{2.23}$$

$$\times \exp\left[i(s+1)\arctan\left(\frac{z_a}{z_0}\right)+i\frac{k}{2z}\rho^2+ikz_a+ikz\right]$$

其中，$C=\left(\dfrac{1}{w^2(z_a)}+i\dfrac{1}{w^2(z_a)}\dfrac{z_a}{z_0}-\dfrac{ik}{2z}\right)$，$l\leqslant 2$，$\mathrm{Re}(C)>0$，${}_1F_1$ 表示合流超几何函数。

由上式可以得出当 $\rho\to 0$ 时，光强的表达式为

$$|u(\rho,\ \psi,\ z)|^2=\left(\frac{kA}{z}\right)^2\left[1+\left(\frac{z_a}{z_0}\right)^2\right]^{-1}\left[\frac{2}{w^2(z_a)}\right]^s\frac{\tau^2\left(1-\dfrac{l}{2}\right)}{4^{1-l-s}C^{(2-l)}\tau^2(1-l-s)}\left(\frac{k\rho}{z}\right)^{-2l-2s}$$

$$\tag{2.24}$$

由此可见，只有当 $s+l=0$ 时，强度的中心点才不为零，验证了相位全息光栅测量轨道角动量的原理，即只要检测中心点的强度不为零，就能得出发送光束的轨道角动量数为 $-l$。

2）不对准情况

拉盖尔-高斯光束同时发生横向偏移和角向倾斜时的表达式为[224]

$$u(r, \phi, z) = A\left[1 + \left(\frac{z}{z_0}\right)^2\right]^{-0.5}\left[\frac{\sqrt{2}\,(re^{i\phi} - de^{i\xi})}{w(z)}\right]^s$$

$$\times \exp\left[-\frac{r^2 + d^2 - 2rd\cos(\phi - \xi)}{w^2(z)} + i\beta r\cos(\phi - \eta)\right] \qquad (2.25)$$

$$\times \exp\left[i(s+1)\arctan\left(\frac{z}{z_0}\right) - i\frac{r^2 + d^2 - 2rd\cos(\phi - \xi)}{w^2(z)}\frac{z}{z_0}\right]$$

其中，$(dx, dy) = (d\cos\xi, d\sin\xi)$ 为光束的横向偏移位移，d 为光束轴和接收系统轴之间的偏移距离，ξ 是光束轴的偏移方向。β 与光束偏离角 γ 相关，$\beta = k\sin\gamma$，η 是光束方位角。

把上式代入相位全息光栅的衍射表达式（2.15）后，得到

$$u(\rho, \psi, z) = \frac{kA\exp(ikz)}{2\pi iz}\left[1 + \left(\frac{z_a}{z_0}\right)^2\right]^{-0.5}\left[\frac{\sqrt{2}}{w(z_a)}\right]^s$$

$$\times \exp\left[i(s+1)\arctan\left(\frac{z_a}{z_0}\right) - \frac{d^2}{w^2(z_a)} + i\frac{k}{2z}\rho^2 - i\frac{d^2}{w^2(z_a)}\frac{z_a}{z_0} + ikz_a\right]$$

$$\times \sum_{q=0}^{s} C_s^q\,(-de^{i\xi})^{s-q}\int_0^{\infty} r^{q+1}\exp\left[-\left(\frac{1}{w^2(z_a)} + i\frac{1}{w^2(z_a)}\frac{z_a}{z_0} - \frac{ik}{2z}\right)r^2\right]dr$$

$$\times \int_0^{2\pi}\exp[i(q+l)\phi]\exp\left[\frac{2rd}{w^2(z_a)}\left(1 + i\frac{z_a}{z_0}\right)\cos(\phi - \xi)\right]$$

$$\times \exp\left[-\frac{ik}{z}r\rho\cos(\phi - \psi) + i\beta r\cos(\phi - \eta)\right]d\phi$$

$$(2.26)$$

令

$$\begin{cases} A_3 = \dfrac{2d\cos\xi}{w^2(z_a)}\dfrac{z_a}{z_0} - \dfrac{k\rho\cos\psi}{z} - i\dfrac{2d\cos\xi}{w^2(z_a)} + \beta\cos\eta \\[3mm] B_3 = \dfrac{2d\sin\xi}{w^2(z_a)}\dfrac{z_a}{z_0} - \dfrac{k\rho\sin\psi}{z} - i\dfrac{2d\sin\xi}{w^2(z_a)} + \beta\sin\eta \\[3mm] Q_3 = \sqrt{A_3^2 + B_3^2} \\[3mm] \cos\gamma_3 = \dfrac{A_3}{Q_3}, \quad \sin\gamma_3 = \dfrac{B_3}{Q_3} \end{cases} \qquad (2.27)$$

然后根据贝塞尔函数积分性质[223]

$$\int_0^{2\pi}\exp[i(s+l)\phi]\exp\left[-\frac{ik}{z}r\rho\cos(\phi - \psi)\right]d\phi = 2\pi(-i)^{-s-l}J_{-s-l}\left(\frac{kr\rho}{z}\right)\exp[(s+l)\psi]$$

$$(2.28)$$

得出式（2.26）中关于 ϕ 的积分结果为

$$\int_0^{2\pi} \exp[i(q+l)\phi] \exp\left[\frac{2rd}{w^2(z_a)}\left(1+i\frac{z_a}{z_0}\right)\cos(\phi-\xi)\right]$$

$$\exp\left[-\frac{ik}{z}r\rho\cos(\phi-\psi)+i\beta r\cos(\phi-\eta)\right]\mathrm{d}\phi \qquad (2.29)$$

$$=\int_0^{2\pi} \exp[i(q+l)\phi]\exp[iQ_3\cos(\phi-\gamma_3)]\mathrm{d}\phi$$

$$=2\pi i^{(-l-q)}\exp[i(l+q)\gamma_3]J_{-l-q}(Q_3 r)$$

最后利用贝塞尔函数积分性质[223]，即式（2.22）可以得出不对准时，最终衍射光束的表达式如下：

$$u(\rho,\psi,z)=\frac{kA}{iz}\left[1+\left(\frac{z_a}{z_0}\right)^2\right]^{-0.5}\left[\frac{\sqrt{2}}{w(z_a)}\right]^s\exp\left[-\frac{d^2}{w^2(z_a)}\right]$$

$$\times\exp\left[i(s+1)\arctan\left(\frac{z_a}{z_0}\right)+i\frac{k}{2z}\rho^2-i\frac{d^2}{w^2(z_a)}\frac{z_a}{z_0}+ikz_a+ikz\right]$$

$$\times\sum_{q=0}^s C_s^q(-de^{i\xi})^{s-q}\frac{(iQ_3)^{-l-q}\tau\left(1-\frac{l}{2}\right)}{2^{1-l-q}C^{\left(1-\frac{l}{2}\right)}\tau(1-l-q)}\exp[i(q+l)\gamma_3]$$

$$\times {}_1F_1\left[1-\frac{l}{2};\ 1-l-q;\ -\frac{Q_3^2}{4C}\right]$$

$$(2.30)$$

其中，$C=\dfrac{1}{w^2(z_a)}+i\dfrac{1}{w^2(z_a)}\dfrac{z_a}{z_0}-\dfrac{ik}{2z}$，$l\leqslant 2$，$\mathrm{Re}(C)>0$。

2. 特性分析

根据上述推导出的表达式，可以进行一系列的仿真分析，本章节以 $s=1$，$l=-1$ 和 $s=1$，$l=-2$ 情况为例说明，经验证得出结论对于其他 $l+s=0$ 和 $l+s\neq 0$ 的情况也适用。

1）正常对准

当正常对准时，通过数值仿真得出接收场的强度分布如图 2.8 所示，图 2.8 中的星形标记是光束的中心点位置。当 $l+s=0(s=1)$ 时的衍射强度的中心为亮斑，而当 $l+s\neq 0(s=1,l=-2)$ 时，相位全息光栅的一阶衍射图为中心强度为零的圆环，两种强度图都是关于中心点旋转对称的。

2）横向偏移

当光束与相位全息光栅只发生横向偏移时，衍射强度会发生偏移，而且光强分布会变形，如图 2.9 所示。因为光强的形状会发生改变，不再是关于中心点旋转对称的了，所以为了更好地描述偏移，我们引入光束质心的概念[221]

$$\binom{x_l}{y_l}=\frac{\iint\begin{bmatrix}x\\y\end{bmatrix}|u(x,y,z)|^2\mathrm{d}x\mathrm{d}y}{\iint|u(x,y,z)|^2\mathrm{d}x\mathrm{d}y} \qquad (2.31)$$

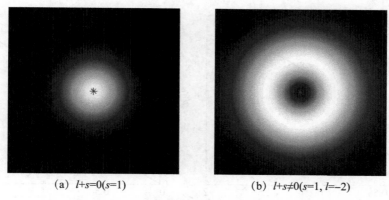

(a) $l+s=0(s=1)$ (b) $l+s\neq0(s=1,\ l=-2)$

图 2.8 正常对准时衍射光束的强度分布

其中，x_l，y_l 分别为光束质心在直角坐标下的横纵坐标。

(a) $l+s=0(s=1)$ (b) $l+s\neq0(s=1,l=-2)$

图 2.9 横向偏移时衍射光束的强度分布

  通过仿真分析得出，衍射光束质心的偏移量 $\rho_l=\sqrt{x_l^2+y_l^2}$ 与入射光束轴的偏移方向无关，与入射光束的偏移距离有关。它随入射光束偏移距离的关系如图 2.10 所示，其中图 2.10（a）为 $l+s=0(s=1)$ 的情况，图 2.10（b）为 $l+s\neq0(s=1,\ l=-2)$ 的情况。由图 2.10 可见，随着入射光束偏移距离的增加，质心的偏移量也在增加。

  图 2.11（a）为 $l+s=0(s=1)$ 时质心的偏移角 $\psi_l(x_l=\rho_l\cos\psi_l,\ y_l=\rho_l\sin\psi_l)$ 同时随 x，y 方向的偏移位移 $(dx,\ dy)=(d\cos\xi,\ d\sin\xi)$ 的变化灰度图。其中两个圆环表示入射光束的偏移距离分别为 $d=0.2w_0$ 和 $0.8w_0$ 时，偏移方向 ξ 所对应的质心的偏移角 ψ_l，该偏移角 ψ_l 由灰度值来表示，入射光束的偏移方向和质心的偏移角的范围都为 $[-\pi,\ \pi]$。可以看出随着入射光束的偏移方向 ξ 的增加，对应的质心的偏移角 ψ_l 越大。图 2.11（b）是质心的偏移角 ψ_l 与入射光束的偏移方向 ξ 之间的变化关系图，图 2.11 中的两条实线对应图 2.11（a）中的两个圆环，虚线是一条参考直线 $\psi_l=\xi$。可以看出，当入射光的偏移

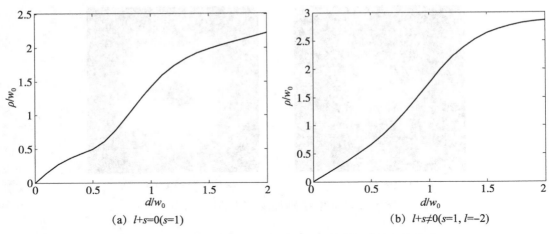

(a)　$l+s=0(s=1)$　　　　　　(b)　$l+s\neq0(s=1,l=-2)$

图 2.10　横向偏移时质心的偏移量与入射光偏移距离的关系

距离确定时，质心的偏移角 ψ_l 与入射光束的偏移方向 ξ 之间存在一个固定的差值，该差值随偏移距离不同而不同。当 $l+s\neq0(s=1,l=-2)$ 时，质心的偏移角的变化趋势与 $l+s=0(s=1)$ 情况相同，在此不再赘述。

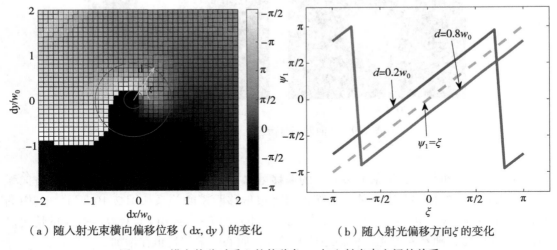

（a）随入射光束横向偏移位移（dx,dy）的变化　　　（b）随入射光偏移方向ξ的变化

图 2.11　横向偏移时质心的偏移角 ψ_l 与入射光束之间的关系

3）角向倾斜

当入射涡旋光束与相位全息光栅之间只是发生角向倾斜时，衍射强度也会发生偏移，但是与横向偏移情况不同的是，角向倾斜不会引起光强分布的变化，如图 2.12 所示。

由图 2.13（a）得出角向倾斜时，衍射光束质心的偏移量 $\rho_l=\sqrt{x_l^2+y_l^2}$ 与入射光束的方位角无关。它随着入射光束偏离角的增加而增加，而且两者之间几乎呈线性关系，线性

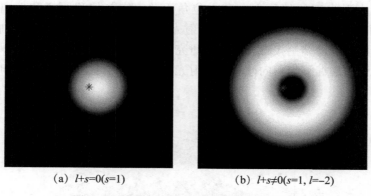

(a) $l+s=0(s=1)$　　　　　　(b) $l+s\neq0(s=1, l=-2)$

图 2.12　角向倾斜时衍射光束的强度分布

拟合式为 $\rho_l/w_0 = 23423.259\gamma$。经仿真发现，入射光束的偏离角几乎不影响质心的偏移角 ψ_l，只与入射光束的方位角有关，而且与之相同，即 $\psi_l = \eta$，如图 2.13（b）所示。进一步研究发现，无论入射光束的拓扑荷和相位全息光栅的分叉数为多少，上述两个关系式都成立。

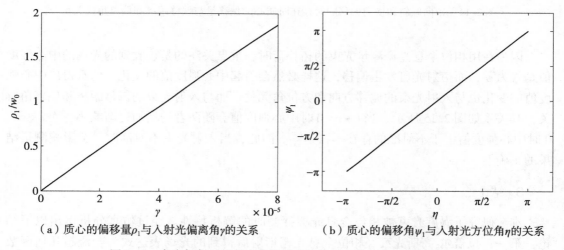

（a）质心的偏移量 ρ_l 与入射光偏离角 γ 的关系　　　（b）质心的偏移角 ψ_l 与入射光方位角 η 的关系

图 2.13　角向倾斜时衍射光束的质心偏移与入射光束之间的关系

由本节结论可知，当入射光束与相位全息光栅只是发生角向倾斜时，因为衍射斑不会发生变形，所以只要接收到的衍射强度图为一个光斑，而不是圆环，仍然能得出此时入射光束的拓扑荷为 $s=-l$。而且同时根据关系式 $\rho_l/w_0 = 23423.259\gamma$ 和 $\psi_l = \eta$ 还可以推算出入射光束的偏离角和方位角。该结论可用于对光束只发生角向倾斜时的校准，但是这需要探测器能接收到整个光场的强度图，而不能只是探测光场中心是否有光强。

4）同时存在

在实际探测中，一般角向倾斜和横向偏移会同时存在。经仿真发现，此时衍射光束质心的偏移量与入射光束的偏移方向和方位角无关。它与偏移距离和偏离角的关系如图 2.14 所示，由图可知，质心偏移距离随入射光束的偏移量和偏离角都增加，这也与本节中第二和第三两部分的结论相符。另外，研究还发现，质心偏移量不等于两者单独存在时的偏移量，说明横向偏移与角向倾斜对衍射光束的影响并不独立，需要同时考虑。

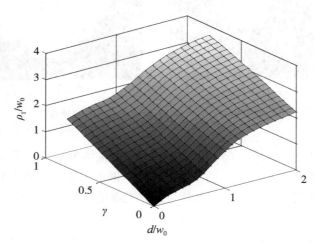

图 2.14　角向倾斜和横向偏移同时存在时质心的偏移量与偏移距离和偏离角的关系

因为在用相位全息光栅测量光束的拓扑荷时，重点关注的是接收到的光场的中心强度值是否为零，而衍射光斑发生偏移，这样必然会引起中心强度值的变化。仿真得出中心强度值的变化也与入射光束的偏移方向和方位角无关。而与入射光束的偏移距离和偏离角有关，其关系如图 2.15 所示。当 $l+s=0$ 时中心强度值会随两者的增加逐渐减小，而 $l+s \neq 0$ 时中心强度值由于不对准的存在不再是零。因此，当入射光束不对准时，会影响测量结果的正确性。

3. 结论

本节研究了涡旋光束被相位全息光栅探测时的解析特性。经过仿真分析得出以下结论：第一，拉盖尔-高斯光束经相位全息光栅衍射后得到的光场表达式为合流超几何函数形式。第二，光束与相位全息光栅间的不对准会引起衍射光束质心的偏移，而且横向偏移会引起光强分布的变形，而角向倾斜不会改变光束的形状。第三，横向偏移时，衍射光束质心的偏移量随入射光束偏移距离的增加而增加，与入射光束的偏移方向无关。当入射光的偏移距离确定时，质心的偏移角与入射光束的偏移方向之间存在一个固定的差值，该差值随偏移距离不同而不同。第四，角向倾斜时，入射光束的拓扑荷和相位全息光栅的分叉数都不影响衍射光束质心的偏移。质心的偏移量与入射光束的偏离角呈线性关系，与入射光束的方位角无关。质心的偏移角等于入射光束的方位角。该结论可用于校正涡旋光束的角向倾斜。第五，横向偏移和角向倾斜同时存在时质心的偏移量不等于两者单独存在时的

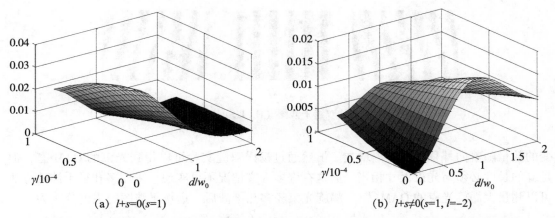

(a) $l+s=0(s=1)$ 　　　　　　　　　　(b) $l+s\neq0(s=1, l=-2)$

图 2.15　角向倾斜和横向偏移同时存在时中心强度值与入射光束的偏移距离和偏离角的关系

偏移量，说明横向偏移与角向倾斜对衍射光束的影响并不独立，在应用中需同时考虑。第六，入射光束与相位全息光栅不对准时，接收光场的中心强度值的变化与入射光轴的偏移方向和方位角无关。与入射光束的偏移距离和偏离角有关，当 $l+s=0$ 时中心强度值会随两者的增加而逐渐减小，而当 $l+s\neq0$ 时中心强度值由于不对准的存在变得不再是零，因此，当入射涡旋光束与相位全息光栅不对准时，会影响测量结果的正确性，在实际应用中，需确保相位全息光栅与入射涡旋光束两者之间对准。

2.2.2　干涉法

1. 双缝干涉

当涡旋光束照射到双缝时，假设光束的奇点位于双缝的中心位置，由于此时波前分布为螺旋型，因此双缝平面处两个缝之间存在一个附加相位差 $\Delta\phi(y)=\phi_2(y)-\phi_1(y)$。此时，观察屏上光强的分布为[219]

$$I(x, y) \propto \cos^2\left[\frac{\delta}{2}+\frac{\Delta\phi(y)}{2}\right] \propto \cos^2\left[\frac{\pi 2ax}{\lambda d}+\frac{\Delta\phi(y)}{2}\right] \tag{2.32}$$

其中，λ 为光束波长，双缝间的间距为 $2a$，d 为缝与观察屏间的距离。

当涡旋光束经双缝干涉后在干涉场中干涉条纹的分布情况与平面波干涉不同。与平面波的竖直干涉条纹比较，涡旋光束的干涉条纹，从顶部向底部看去，沿着横向出现移动，并且移动的大小和方向与拓扑荷数的取值有关如图 2.16 所示。当光束的拓扑荷数为负值时，条纹会向反方向移动。通过观测干涉条纹，可以得到涡旋光束的拓扑荷数[225]。

2. 多孔径干涉

当光学涡旋与探测区足够大时，测量相位结构变得更复杂，因为沿着相位奇点的暗区相当大，使得可以干涉的光很少。即使把探测器向更高强度区移动也没有用，因为相位改

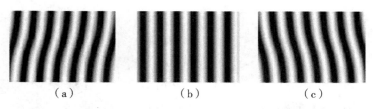

图 2.16　双缝干涉图 （H. I. Sztul，2006）

变的数量随着向外移动的距离增加。虽然通过杨氏双缝实验可以得到光束的 OAM 态，但是缝的长度必须与光束尺寸相当，而这在许多天文情况不可实现。采用多孔径干涉的方法可以测量大涡旋光束的 OAM[218]。涡旋光束经多孔干涉后，远场干涉图的强度分布为

$$I_l^N(x,\ y,\ z) \propto \left| \sum_{n=0}^{N-1} \exp(-il\alpha_n) \exp\left(i \frac{ka}{z}(x\cos\alpha_n + y\sin\alpha_n) \right) \right|^2 \qquad (2.33)$$

因为不同 OAM 的光束经孔径干涉后，其干涉图形不同，如图 2.17 所示，当孔径个数少于 4 个时，光束或模板的倾斜也会引起干涉图形的不同，这给 OAM 的辨别带来难度。而当孔径个数大于或等于 4 个时，这种问题不再存在。

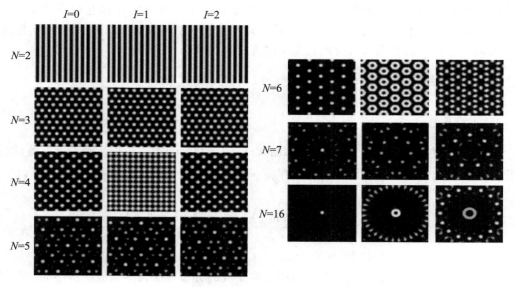

图 2.17　多孔径干涉 （G. G. Berkhout，2008）

2.2.3　模板探测方法

1. 拉盖尔-高斯光束

1）理论推导

从理论上来说拉盖尔-高斯光束的角向指数 s 为任意整数，当对角向指数进行通信编码时，可大大提高通信系统的信息容量[6]。然而，在实际中，具有大的角向指数的拉盖尔-高斯光束不容易实现，且容易受外界影响，因此，这就大大限制了拉盖尔-高斯光束的优势[111]。如果可以同时利用拉盖尔-高斯光束的角向指数和径向指数进行编码，便可提高信息容量。然而，迄今为止还未见关于径向指数的测量，因此还无法实现关于径向指数的编码。

目前针对拉盖尔-高斯光束的轨道角动量数的测量方法主要有相位全息法[111,226,227]，但是其对精度要求高，价格昂贵；也有双缝干涉法[219]，但是该方法中双缝的长度必须与光束宽度相当，不易实现。文献[218]中提出利用多点干涉来测量，该方法简单且对掩模板长度无要求，然而上述方法都只能探测拉盖尔-高斯光束的角向指数，无法对径向指数进行探测。本节将提出用一种新样式的掩模板来同时测量拉盖尔-高斯光束的角向指数和径向指数，这样便可以实现角向指数和径向指数的同时编码，从而提高应用中通信系统的容量。

把拉盖尔-高斯光束通过如图 2.18 所示的掩模板，根据接收面上的强度图案来判别拉盖尔-高斯光束的角向指数和径向指数。该掩模板具有 N 个等间距环，每个环有 M 个孔径。由图 2.18 可知掩模板的透过率函数为

$$T = \sum_{m=1}^{M} \sum_{n=1}^{N} \delta(x - r_n\cos\varphi_m,\ y - r_n\sin\varphi_m) \tag{2.34}$$

其中，$r_n = n\dfrac{a}{N}$，$\varphi_m = (m-1)\dfrac{2\pi}{M}$，$a$ 为最外层环的半径。

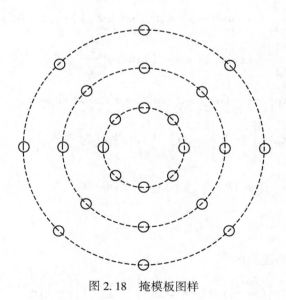

图 2.18 掩模板图样

当拉盖尔-高斯光束 $u_p^s(x,\ y)$ 照射这个掩模板时，根据夫琅和费衍射公式可知，观察面上强度分布为

$$I(x',\ y') = \left(\frac{1}{\lambda z_1}\right)^2 |F\{u_p^s T\}|^2 = \left(\frac{1}{\lambda z_1}\right)^2 |F\{u_p^s\} \otimes F\{T\}|^2 = \left(\frac{k}{z_1}\right)^2 |U|^2 \tag{2.35}$$

其中 F 表示傅里叶变换，$\otimes$ 表示卷积。由 LG 模[228]和 δ 函数的傅里叶变换性质，

$$F[u_p^s(r,\ \varphi)] = i^{2p+|s|} 2\pi u_p^s(r',\ \varphi') \tag{2.36}$$

$$F(T) = \sum_{m=1}^{M} \sum_{n=1}^{N} \exp\left[-i\frac{k}{z_1}(x'r_n\cos\varphi_m + y'r_n\sin\varphi_m)\right] \tag{2.37}$$

可以得到

$$
\begin{aligned}
U &= \sum_{m=1}^{M} \sum_{n=1}^{N} \exp\left[-i\frac{k}{z_1}(x'r_n\cos\varphi_m + y'r_n\sin\varphi_m)\right] \otimes u_p^s(r',\ \varphi') \\
&= \int_{-\infty}^{\infty} \int_{-\infty}^{\infty} \sum_{m=1}^{M} \sum_{n=1}^{N} \exp\left\{-i\frac{k}{z_1}[(x'-\xi)r_n\cos\varphi_m + (y'-\eta)r_n\sin\varphi_m]\right\} u_p^s(\xi,\ \eta)\,\mathrm{d}\xi\mathrm{d}\eta
\end{aligned}
\tag{2.38}
$$

将式（1.5）代入上式（2.38）中，且把直角坐标系中的变量变换为极坐标系中的变量

$$
\begin{aligned}
U &= A\left[1 + \left(\frac{z}{z_0}\right)^2\right]^{-0.5} \exp\left[i(2p+s+1)\arctan\left(\frac{z}{z_0}\right)\right] \\
&\quad \times \sum_{m=1}^{M} \sum_{n=1}^{N} \left\{\exp\left[-i\frac{k}{z_1}(r'r_n\cos\varphi'\cos\varphi_m + r'r_n\sin\varphi'\sin\varphi_m)\right]\right. \\
&\quad \times \int_{0}^{\infty} \exp\left[-\left(\frac{\rho}{w(z)}\right)^2\right] \left[\frac{\sqrt{2}\rho}{w(z)}\right]^s L_p^s\left[2\left(\frac{\rho}{w(z)}\right)^2\right] \exp\left[-i\left(\frac{\rho}{w(z)}\right)^2 \frac{z}{z_0}\right] r\mathrm{d}r \\
&\quad \left.\times \int_{0}^{2\pi} \exp\left\{-i\frac{k}{z_1}[\rho r_n\cos\theta\cos\varphi_m + \rho r_n\sin\theta\sin\varphi_m]\right\} \exp(-is\theta)\,\mathrm{d}\theta\right\} \\
&= A\left[1 + \left(\frac{z}{z_0}\right)^2\right]^{-0.5} \exp\left[i(2p+s+1)\arctan\left(\frac{z}{z_0}\right)\right] \\
&\quad \times \sum_{m=1}^{M} \sum_{n=1}^{N} \left\{\exp\left[-i\frac{k}{z_1}(r'r_n\cos\varphi'\cos\varphi_m + r'r_n\sin\varphi'\sin\varphi_m)\right]\right. \\
&\quad \times \int_{0}^{\infty} \exp[-b\rho^2] \left[\frac{\sqrt{2}\rho}{w(z)}\right]^s L_p^s\left[2\left(\frac{\rho}{w(z)}\right)^2\right] \rho\mathrm{d}\rho \\
&\quad \left.\times \int_{0}^{2\pi} \exp\left\{i\frac{k\rho r_n}{z_1}[\cos(\theta-\varphi_m)]\right\} \exp(-is\theta)\,\mathrm{d}\theta\right\}
\end{aligned}
\tag{2.39}
$$

其中，$b = \dfrac{1}{w^2(z)}\left(1 + i\dfrac{z}{z_0}\right)$。

根据贝塞尔函数的性质得[223]

$$\exp\left\{i\frac{k\rho r_n}{z_1}[\cos(\theta-\varphi_m)]\right\} = \sum_{l=-\infty}^{\infty} i^l J_l\left(\frac{k\rho r_n}{z_1}\right) e^{il(\theta-\varphi_m)} \tag{2.40}$$

$$\int_{0}^{2\pi} \exp[i(l-s)\theta]\,\mathrm{d}\theta = \begin{cases} 2\pi, & l = s \\ 0, & l \neq s \end{cases} \tag{2.41}$$

可以解出关于 θ 的积分式，

$$\int_0^{2\pi} \exp\left\{ -i \frac{k\rho r_n}{z_1} [\cos(\theta - \varphi_m)] \right\} \exp(-is\theta) d\theta$$

$$= \sum_{l=-\infty}^{\infty} i^l J_l\left(\frac{kr_n\rho}{z_1}\right) \exp(-il\varphi_m) \exp[i(l-s)\theta] d\theta \quad (2.42)$$

$$= 2\pi i^s J_s\left(\frac{kr_n\rho}{z_1}\right) \exp(-is\varphi_m)$$

则式（2.39）变为

$$U = 2\pi i^s A \left[1 + \left(\frac{z}{z_0}\right)^2\right]^{-0.5} \exp\left[i(2p + s + 1)\arctan\left(\frac{z}{z_0}\right) + ikz\right]$$

$$\times \sum_{m=1}^{M} \sum_{n=1}^{N} \left\{ \exp\left[-i\frac{k}{z_1}(r'r_n\cos\varphi'\cos\varphi_m + r'r_n\sin\varphi'\sin\varphi_m) \right] \exp(-is\varphi_m) \quad (2.43)$$

$$\times \int_0^{\infty} \exp[-b\rho^2] \left[\frac{\sqrt{2}\rho}{w(z)}\right]^s L_p^s\left[2\left(\frac{\rho}{w(z)}\right)^2\right] J_s\left(\frac{kr_n\rho}{z_1}\right) \rho d\rho \right\}$$

又由拉盖尔函数和贝塞尔函数的积分性质[223]

$$\int_0^{\infty} x^{v+1} e^{-\beta x^2} L_n^v(\alpha x^2) J_v(yx) dx = 2^{-v-1}\beta^{-v-n-1}(\beta-\alpha)^n y^v e^{-\frac{y^2}{4\beta}} L_n^v\left(\frac{\alpha y^2}{4\beta(\alpha-\beta)}\right) \quad (2.44)$$

可以得到接收面上的强度分布为

$$U = 2\pi i^s A \left[1 + \left(\frac{z}{z_0}\right)^2\right]^{-0.5} \exp\left[i(2p+s+1)\arctan\left(\frac{z}{z_0}\right)\right] \sum_{m=1}^{M} \sum_{n=1}^{N} \left\{ \exp(-is\varphi_m) \right.$$

$$\times \exp\left[-i\frac{k}{z_1}(r'r_n\cos\varphi'\cos\varphi_m + r'r_n\sin\varphi'\sin\varphi_m) \right] \left(\frac{\sqrt{2}}{w}\right)^s 2^{-s-1} b^{-s-p-1}$$

$$\times \left(b - \frac{2}{w^2}\right)^p \left(\frac{kr_n}{z_1}\right)^s \exp\left[-\frac{1}{4b}\left(\frac{kr_n}{z_1}\right)^2 \right] L_p^s\left(\frac{\left(\frac{kr_n}{z_1}\right)^2}{4bw^2\left(\frac{2}{w^2} - b\right)}\right) \right\} \quad (2.45)$$

经化简，得

$$I(x', y', z_1) = \frac{1}{2^s}\left(\frac{A\pi k}{z_1}\right)^2 \frac{(b^*w(z))^{2p}}{w_0^{2(s+p)}} \left| \sum_{m=1}^{M} \sum_{n=1}^{N} \exp\left[-i\frac{k}{z_1}(x'r_n\cos\varphi_m + y'r_n\sin\varphi_m) \right] \right.$$

$$\times \left(\frac{kr_n}{z_1}\right)^s \exp\left[-\frac{1}{4b}\left(\frac{kr_n}{z_1}\right)^2 \right] L_p^s\left[\frac{1}{4|b|^2}\left(\frac{kr_n}{z_1}\right)^2 \right] \exp(-is\varphi_m) \right|^2 \quad (2.46)$$

其中，$b = \frac{1}{w^2(z)}\left(1 + i\frac{z}{z_0}\right)$，$w(z) = w_0\sqrt{1 + (z/z_0)^2}$。

2）数值仿真

根据得到的强度解析表达式，我们进行了数值仿真。在仿真中，选用的拉盖尔-高斯光束的波长为 $\lambda = 0.632$nm，光斑半径 $w_0 = 1$mm。掩模板有 3 个环，每个环上均匀分布 8 个点，即 $N = 3$，$M = 8$，且外环半径 $a = 1$mm。根据此解析式可以得到光束传输任何距离后，经掩模板传输后的强度图。

43

　　图 2.19 是拉盖尔-高斯光束（文中给出的是角向指数和径向指数分别为 0，1，2 的结果）在传输起点处穿过掩模板后得到的强度分布图。图 2.20 所示是拉盖尔-高斯光束在自由空间中传输了 z_0 距离后再穿过掩模板的强度分布。由仿真结果可以得出，角向指数和径向指数不同的光束经掩模板后其在接收面上的强度分布各不相同。即每一种强度分布图对应着一组角向指数和径向指数值，其中任何一个参数的改变，都会引起强度图案的变化。因此，只要根据接收面上的强度图就可以测量发射拉盖尔-高斯光束的角向指数和径向指数值。

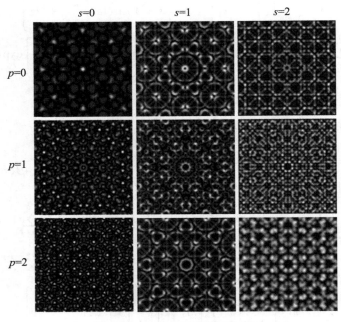

图 2.19　$z = 0$ 时的强度分布

　　比较图 2.19 和图 2.20 可以发现，虽然强度分布会随拉盖尔-高斯光束在到达掩模板之前所经历的距离发生变化，但是这并不影响该掩模板的测量作用。因为无论拉盖尔-高斯光束传输的距离为多少，只要角向指数和径向指数不同，接收面上的强度图就不同。因此在实际测量中，只要知道光束的传输距离，再由前述得到的解析式，得出此距离处所对应的强度分布图。然后，把此强度图与实际测得的强度图相对比，便能得出发射拉盖尔-高斯光束的角向指数和径向指数值。

　　3）结论

　　本章节提出用一种新样式的掩模板来测量拉盖尔-高斯光束的角向指数和径向指数。经过仿真分析得到，当拉盖尔-高斯光束的角向指数或径向指数不同时，经过该掩模板后的远场强度分布不同。每一种强度分布图对应着一个角向指数和径向指数值，其中任何一个参数的改变，都会引起强度图案的变化。这个方法使利用径向指数进行编码的实现成为可能，如果可以同时利用角向指数和径向指数进行信息编码，便可以满足现代通信对大容

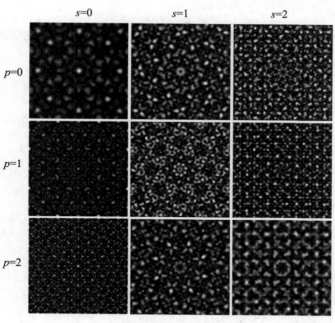

图 2.20 $z = z_0$ 时的强度分布

量信息传输的要求。

2. 反常涡旋光束

涡旋光束之所以受到广泛关注主要是其每个光子具有确定的轨道角动量，其轨道角动量值仅由涡旋光束的拓扑荷决定。因此测量涡旋光束的拓扑荷对于其在各领域中的应用具有重要的意义。然而，目前针对拓扑荷的测量主要针对拉盖尔-高斯光束[226,229,230]，对于反常涡旋光束的拓扑荷的测量尚未见相关研究成果发表。上述掩模板也可用于测量反常涡旋光束的拓扑荷，该方法能简单方便地测量出拓扑荷，其对于促进反常涡旋光束在光束传输、通信遥感等领域的应用具有显著的价值。

1) 理论推导

反常涡旋光束在源平面 $z = 0$ 处的光场表达式为

$$E(\rho,\ \varphi,\ 0) = C_0 \exp\left[-\left(\frac{\rho}{w_0}\right)^2\right]\left[\frac{\rho}{w_0}\right]^{2n+|m|} \exp(-im\varphi), \tag{2.47}$$

其中，C_0 为常数，n 为反常涡旋光束的阶数，m 为拓扑荷，w_0 为束腰半径。

根据惠更斯-菲涅耳积分可以推出反常涡旋光束在接收平面 z 处的光场表达式为

$$u_0(r,\ \theta,\ z) = \frac{i^{m+1}\pi C_0 n!}{\lambda z w_0^{2n+|m|}} \exp\left(-\frac{ikr^2}{2z} - ikz\right)\exp(-im\theta)\left(\frac{kr}{2z}\right)^{|m|} g^{-n-|m|-1}$$

$$\times \exp\left(-\frac{k^2 r^2}{4gz^2}\right) L_n^{|m|}\left(\frac{k^2 r^2}{4gz^2}\right) \tag{2.48}$$

式中，$g = \dfrac{1}{w_0^2} + \dfrac{ik}{2z}$，$\lambda$ 为波长，k 为波数。

把反常涡旋光束通过图 2.18 所示的掩模板，根据接收面上的光强图来判别反常涡旋光束的拓扑荷值。为方便起见，重新给出该掩模板的透过率函数

$$T = \sum_{l=1}^{L} \sum_{q=1}^{Q} \delta(x - r_q\cos\varphi_l,\ y - r_q\sin\varphi_l) \tag{2.49}$$

其中，$r_q = q\dfrac{a}{Q}$，$\varphi_l = (l-1)\dfrac{2\pi}{L}$，$a$ 为最外层环的半径，Q 为等间距环数，L 为每个环含有的孔径数。

当反常涡旋光束 u_0 照射这个掩模板时，根据夫琅各费衍射公式可知，观察面上强度分布为

$$I(x',\ y') = \left(\frac{1}{\lambda z_1}\right)^2 |\,F\{u_0 T\}\,|^{\,2} = \left(\frac{1}{\lambda z_1}\right)^2 |\,F[u_0] \otimes F[T]\,|^{\,2} = \left(\frac{1}{\lambda z_1}\right)^2 |\,U\,|^{\,2} \tag{2.50}$$

其中，z_1 为掩膜板到接收面的距离，F 表示傅里叶变换，$\otimes$ 表示卷积。

由 δ 函数的傅里叶变换性质可得，

$$F(T) = \sum_{l=1}^{L} \sum_{q=1}^{Q} \exp\left[-i\frac{k}{z_1}(x'r_q\cos\varphi_l + y'r_q\sin\varphi_l)\right] \tag{2.51}$$

对式（2.48）进行傅里叶变换，并利用以下式（2.52）和式（2.53）[231]可得式（2.54）

$$\int_0^{2\pi} \exp\left[-im\theta_0 - ik\rho r_0\cos(\theta_0 - \varphi)\right]\mathrm{d}\theta_0 = 2\pi(-i)^m J_m(k\rho r_0)\exp(-im\varphi) \tag{2.52}$$

$$\int_0^{\infty} x^{v+1}\mathrm{e}^{-\beta x^2} L_n^v(\alpha x^2) J_v(yx)\mathrm{d}x = 2^{-v-1}\beta^{-v-n-1}(\beta - \alpha)^n y^v \mathrm{e}^{-\frac{y^2}{4\beta}} L_n^v\left(\frac{\alpha y^2}{4\beta(\alpha - \beta)}\right) \tag{2.53}$$

$$F[u_0] = \pi C_0 n!\left(\frac{ik}{z}\right)^{-m}\exp(-ikz)w_0^{m+2}\left(\frac{k\rho}{2z}\right)^m \times L_n^m\left(\frac{\rho^2 w_0^2}{4}\right)\exp\left[-\left(\frac{w_0^2}{4} - \frac{iz}{2k}\right)\rho^2\right]\exp(-im\varphi) \tag{2.54}$$

将式（2.51）和式（2.54）代入式（2.50）且把直角坐标系中的变量变换为极坐标系中的变量，可以得到

$$\begin{aligned} U = \sum_{l=1}^{L} \sum_{q=1}^{Q} &\left\{\exp\left[-i\frac{k}{z_1}(x'r_q\cos\varphi_l + y'r_q\sin\varphi_l)\right]\pi C_0 n!\left(\frac{ik}{z}\right)^{-m}\exp(-ikz)w_0^{m+2}\right. \\ &\times \int_0^{\infty}\left(\frac{k\rho}{2z}\right)^m \exp\left[-\left(\frac{w_0^2}{4} - \frac{iz}{2k}\right)\rho^2\right]L_n^m\left(\frac{\rho^2 w_0^2}{4}\right)\rho\,\mathrm{d}\rho \\ &\times \left. \int_0^{2\pi}\exp\left\{i\frac{k\rho r_q}{z_1}[\cos(\varphi - \varphi_l)]\right\}\exp(-im\varphi)\,\mathrm{d}\varphi\right\} \end{aligned} \tag{2.55}$$

再利用式（2.52）和式（2.53）解得

$$U = 2\pi^2 i^m C_0 n! \left(\frac{ik}{z}\right)^{-m} \exp(-ikz) w_0^{m+2} \exp(-im\varphi_l)$$

$$\times \sum_{l=1}^{L} \sum_{q=1}^{Q} \left\{ \exp\left[-i\frac{k}{z_1}(x'r_q\cos\varphi_l + y'r_q\sin\varphi_l)\right] \right.$$

$$\times \left(\frac{k}{2z}\right)^m \left(\frac{w_0^2}{2} - \frac{iz}{k}\right)^{-m-1} \left(1 + \frac{ikw_0^2}{2z}\right)^{-n} \left(\frac{kr_q}{z_1}\right)^m \qquad (2.56)$$

$$\left. \times \exp\left[-\frac{\left(\frac{kr_q}{z_1}\right)^2}{4\left(\frac{w_0^2}{4} - \frac{iz}{2k}\right)}\right] L_n^m \left(\frac{\frac{w_0^2}{4}\left(\frac{kr_q}{z_1}\right)^2}{4\left(\frac{w_0^2}{4} - \frac{iz}{2k}\right)\left(\frac{iz}{2k}\right)}\right) \right.$$

2）数值仿真

为了得到光强分布图，可以对强度解析表达式（2.56）进行数值仿真。在仿真中，选用的反常涡旋光束的波长为 $\lambda = 1550\text{nm}$，光斑半径 $w_0 = 1\text{mm}$。掩模板有 4 个环，外环半径 $a = 1\mu m$，且每个环上均匀分布 15 个点，即 $Q = 4$，$L = 15$。根据解析式（2.56）可以得到光束传输任何距离后，经掩模板作用后接收平面上的强度图。仿真发现光强图与光束的阶数无关，与拓扑荷值有关。

图 2.21 所示是不同拓扑荷值的反常涡旋光束在自由空间中传输了 z_0 距离后再穿过掩模板后的强度图。由仿真结果可以得出，光强图为环状结构，而且拓扑荷值不同，对应的光强图的环数不同。如本图中光环数为 4 时，对应于拓扑荷为 1，光环数为 2 时，对应拓扑荷为 2，依次递减。因此，只要根据接收面上的光强图的环数就可以测量发射反常涡旋光束的拓扑荷。环数对应的拓扑荷值与每个环上的孔径数 L 值成正相关，即 L 越大，可测得的拓扑荷值越多，但是分辨率会有所下降。因此，若需测量的反常涡旋光束的拓扑荷较多，可适当增加掩模板上的孔径数。

若反常涡旋光束的拓扑荷值为零时，所得光强图（如图 2.22 所示）中心不是暗芯，而为一个亮斑。因此，此时无需通过环数来判断拓扑荷，由亮斑便可知拓扑荷为零。

3）结论

提出用一种掩模板的方法来测量反常涡旋光束的拓扑荷值。在接收孔径之前放置一个特殊样式的掩模板，通过接收平面的光强图来分辨反常涡旋光束的拓扑荷值。研究表明，接收平面上的强度分布图为多环结构，环数与反常涡旋光束的拓扑荷值一一对应，由光环数便可知拓扑荷值。研究成果对于促进反常涡旋光束的应用具有重要作用。

2.2.4　零阶涡旋光束的探测

涡旋光束的一个最大优势是其具有轨道角动量特性，对应于光场表达式中的参数拓扑荷，在实际应用中，只要拓扑荷值不为零，则其具有轨道角动量特性。因此在研究和应用中，可令拉盖尔-高斯光束或复宗量拉盖尔-高斯光束的径向指数为零，或反常涡旋光束的阶数为零，便可在不影响涡轨道角动量特性的前提下将问题简化，这便是零阶涡旋光束。基于零阶涡旋光束的光强分布与拓扑荷值具有确定的关系，本节提出通过对零阶涡旋光束

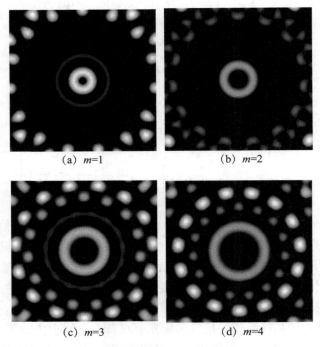

(a) $m=1$　　　　　　(b) $m=2$

(c) $m=3$　　　　　　(d) $m=4$

图 2.21　接收平面的光强图

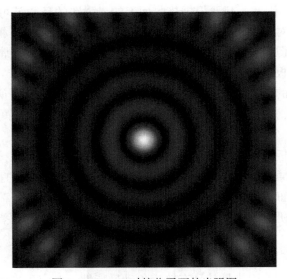

图 2.22　$m=0$ 时接收平面的光强图

的光强图进行数值处理，以测量出零阶涡旋光束的拓扑荷。该方法能获得精度更高的测量结果，且不需要很多光学元件，也不需要进行复杂的光路调节，这样不仅能降低测量的成本，而且测量更加灵活、方便。

零阶涡旋光束的光强表达式为

$$I = I_0 \exp\left(-\frac{2r^2}{w^2}\right)\left(\frac{r}{w}\right)^{2l} \tag{2.57}$$

其中，l_0 表示归一化系数，涡旋光束的种类不同，I_0 不同；r 表示光束半径；w 表示束腰半径；l 表示拓扑荷；I 表示与涡旋光束的中心之间的距离为 r 处的光强。

根据式（2.58）可以获得光强最大处的半径与拓扑荷的确定关系为

$$l = 2\left(\frac{r_{max}}{w}\right)^2 \tag{2.58}$$

其中，w 表示束腰半径；r_{max} 表示光强最大处的半径。根据上述光强最大处的半径与拓扑荷的关系，可以看出拓扑荷与光环半径固定的比例关系。利用该比例关系，可以测量出拓扑荷。因此，在探测中只需由光强图获得束腰半径和光强最大处的半径之后，根据上述光强最大处的半径与拓扑荷的关系，计算出拓扑荷。

由此可得涡旋光束拓扑荷的计算流程图如图 2.23 所示，具体过程为：

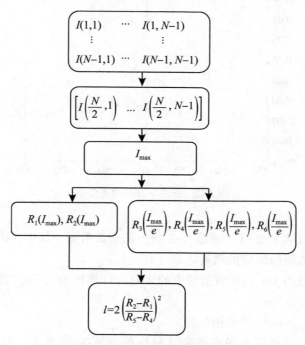

图 2.23　拓扑荷的计算流程图

（1）自由空间传播后的零阶涡旋光束经 CCD 探测后接入到计算机中，得到涡旋光束的环状光强图。图 2.24 所示为探测的涡旋光束的光强图及其获取过程。由于涡旋光束是旋转对称的，所以以截取任一截面的光强分布及对应的参数如图 2.25 所示。

（2）从计算机显示的光强图中确定涡旋光束的中心，再以这个光束的中心为中心选取 $N-1$ 行 $N-1$ 列数值矩阵。

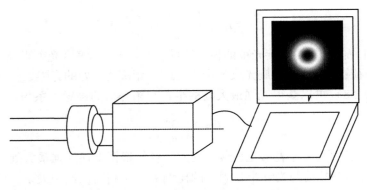

图 2.24　探测的涡旋光束的光强图及其获取过程

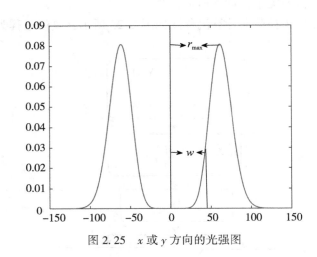

图 2.25　x 或 y 方向的光强图

（3）再从中截取第 $N/2$ 行（或第 $N/2$ 列）的全部数据，从中找出最大值。

（4）计算出最大值所对应的两列之差（行差）$r_{\max}$。

（5）找出最大值的 $1/e$ 倍的值所对应的 4 列，计算出列（行）数与 $N/2$ 更接近的两个值之间的列差（行差）w。

（6）计算 $2\,(r_{\max}/w)^2$ 就是拓扑荷。

上述方法可测量多种常见涡旋光束（包括拉盖尔-高斯光束、复宗量拉盖尔-高斯光束、异常涡旋光束）的拓扑荷，利用拓扑荷与光环半径固定的比例关系，从数值算法的角度计算出拓扑荷，从而打开了一种拓扑荷探测的新角度，具有成本低、灵活方便等优势。

2.3　本章小结

本章首先研究了与相位全息光栅不对准时衍射光束的解析特性。利用理论推导的方法得出涡旋光束经相位全息光栅接收后一阶衍射光束的解析表达式。然后通过仿真分析分别得出在发生正常对准、横向偏移、角向倾斜及横向偏移和角向倾斜两者同时出现时衍射光束的质心的偏移特性和中心强度值的变化特性。当入射涡旋光束与相位全息光栅不对准时，会影响测量结果的正确性，因此在实际应用中，需确保相位全息光栅与入射涡旋光束两者之间对准。本章还提出一种新的探测方法，即让拉盖尔-高斯光束和反常涡旋光束穿过一种新样式的掩模板，然后根据接收面上的强度分布来同时测量光束的角向指数和径向指数。先采用理论推导的方法得出强度分布的解析式，然后通过数值仿真得出强度图。该方法对于拉盖尔-高斯光束而言，使同时利用角向指数和径向指数进行通信编码成为可能，而对于反常涡旋光束能简单方便地测量出拓扑荷。本方法可以满足现代通信对大容量信息传输的要求，对于促进涡旋光束在光束传输、通信遥感等领域的应用具有显著的价值。

上述研究主要是从原理上针对理想环境下的涡旋光束进行探测，而在实际应用中，会受到大气湍流、噪声等影响，因此需结合实际环境排除外界干扰。赵青松利用卷积神经网络、畸变波前校正技术研究了在大气湍流环境下，针对涡旋光的检测[232]。

第3章　涡旋光束在自由空间中的传输特性

从理论上来说涡旋光束携带的拓扑荷 m 为任意整数，可以构成无穷维希尔伯特空间[98]，因此相对于传统的二进制编码，光束的轨道角动量编码能够有效地提高数据传输容量；再加上其满足不确定性原理，使得涡旋光束用于空间通信时还具有防窃听的优点[6]。基于涡旋光束在信息传输领域具有的非常广阔且重要的应用前景，研究其在空间中的传输特性便显得很重要。本章将主要对涡旋光束在自由空间（free space）中的传输特性进行研究。在经典物理中，自由空间是电磁理论中的一个概念，指的是理论上的完美真空，有时被称为自由空间的真空或经典真空，它可以被认为是一种参考介质[233,234]。如第1章所述，涡旋光束在传输过程中会受到一些外界影响，本章主要研究的是在自由空间中，光束与系统不对准时涡旋光束的传输特性。在分析不对准时的特性之前，有必要先研究在正常对准情况下涡旋光束的传输特性。

3.1　标量传输理论

3.1.1　惠更斯-菲涅耳衍射积分

虽然矢量理论准确，但是理论复杂、计算量大，相比而言，标量理论更简单、容易计算。因此忽略波动的矢量特性只考虑它的振幅，则在标量近似下，便可以由波动方程得到标量赫姆霍兹方程。根据标量赫姆霍兹方程，再利用场论中的格林定理以及格林积分可以得到标量衍射理论。对此理论可以运用惠更斯-菲涅耳（Huygens-Fresenel）原理来进行简单的解释。惠更斯-菲涅耳原理是一种"子波相干叠加"思想[235]，即在任意给定时刻，波阵面（波前）上的每一点都可以看成一个次波波源，它们各自发出球面次波；因为球面次波都来自于同一个光源，因此是相干的，所以波阵面以外任一点的光振动都是波阵面上所有子波相干叠加的结果。惠更斯-菲涅耳原理是研究光的衍射问题的理论基础，本节接下来就是利用惠更斯-菲涅耳公式来研究拉盖尔-高斯光束在自由空间中的传输特性。

惠更斯-菲涅耳衍射积分公式为[236]

$$u(x, y) = -\frac{ik}{2\pi\sqrt{B_x B_y}}\exp(-ikz)\int dx_0 dy_0 u_0(x_0, y_0)$$
$$\times \exp\left[-\frac{ik}{2B_x}(D_x x^2 - 2xx_0 + A_x x_0^2) - \frac{ik}{2B_y}(D_y y^2 - 2yy_0 + A_y y_0^2)\right]$$

$$(3.1)$$

其中，$u_0(x_0, y_0)$，$u(x, y)$ 分别为直线排列光学系统的输入输出场，k 为波数，z 为传输距离，A_x，A_y，B_x，B_y 和 D_x，D_y 是 x，y 轴的光线传输矩阵中的元素。

对于旋转对称光学系统，即 $A_x = A_y = A$，$B_x = B_y = B$，$D_x = D_y = D$ 等，公式（3.1）便

简化为[236]

$$u(\rho, \varphi) = -\frac{ik}{2\pi B}\exp(-ikz)\int d^2r u_0(r, \theta)\exp\left[-\frac{ik}{2B}(D\rho^2 - 2\boldsymbol{\rho}\cdot\boldsymbol{r} + Ar^2)\right] \qquad (3.2)$$

3.1.2 ABCD 矩阵理论

在波动光学中，主要研究球面波的等相位面的传播。当球面的等相位面的曲率半径已知，则可以确定球面波的球心及空间某一点处该球面波的传播方向。由 ABCD 矩阵理论[237-239]便可以得出球面波的等相位面曲率半径的变化规律。ABCD 矩阵理论也就是光线传输矩阵理论，它用于研究光线通过各种光学介质的传输性质，这些介质包括均匀和各向同性材料如薄透镜、电介质界面和曲面镜等。ABCD 矩阵主要描述的是在傍轴光线通过光学系统的传播，还可以用来描述球面波的传播、高斯光束的传播。所谓傍轴（近轴）光线指的是光线与轴的交角很小，因而该角度的正弦和正切值等于角度本身之值。ABCD 矩阵理论的思想是：假设有两个与系统光轴相垂直的参考平面，一个入射平面和一个出射平面，当光线从入射面进入系统时，它与光轴的距离为 r_1，与光轴所成的角度为 θ_1。经过传输后，光线从出射面输出时与光轴的距离为 r_2，与光轴所成的角度为 θ_2。两平面参量的关系可以表示为

$$\begin{bmatrix} r_2 \\ \theta_2 \end{bmatrix} = \begin{bmatrix} A & B \\ C & D \end{bmatrix}\begin{bmatrix} r_1 \\ \theta_1 \end{bmatrix} \qquad (3.3)$$

其中，$A = \dfrac{r_2}{r_1}\Big|_{\theta_1=0}$，$B = \dfrac{r_2}{\theta_1}\Big|_{r_1=0}$，$C = \dfrac{\theta_2}{r_1}\Big|_{\theta_1=0}$，$D = \dfrac{\theta_2}{\theta_1}\Big|_{r_1=0}$。传输矩阵 $\boldsymbol{M} = \begin{bmatrix} A & B \\ C & D \end{bmatrix}$ 代表两个参考平面间的光学系统，而且满足

$$\det(\boldsymbol{M}) = AD - BC = \frac{n_1}{n_2} \qquad (3.4)$$

其中，n_1，n_2 为参考平面处介质的折射率。如果入射面和出射面处于同一种介质中，或者在两种介质中但是两种介质的折射率相同时，矩阵 $\boldsymbol{M}$ 的行列式就为 1。当多个光学系统串联时，就可以用多个 ABCD 矩阵连乘来表示 $\begin{bmatrix} r_2 \\ \theta_2 \end{bmatrix} = \boldsymbol{M}_n\cdots\boldsymbol{M}_2\boldsymbol{M}_1\begin{bmatrix} r_1 \\ \theta_1 \end{bmatrix}$。ABCD 矩阵理论在处理复杂光学系统对球面波的变换时，具有计算简单方便的优点。常用光学元件和介质是旋转对称的，其 ABCD 矩阵如表 3.1 所示。

表 3.1 　　　　　　　　　　**常用光学元件和介质的 ABCD 矩阵**

元件和介质	ABCD 矩阵	图注
自由空间或折射率为常数的介质：长度为 d	$\begin{bmatrix} 1 & d \\ 0 & 1 \end{bmatrix}$	

续表

元件和介质	ABCD 矩阵	图注
介质界面：折射率 n_1，n_2	$\begin{bmatrix} 1 & 0 \\ 0 & \dfrac{n_1}{n_2} \end{bmatrix}$	
球面介质界面：半径为 R，折射率 n_1，n_2	$\begin{bmatrix} 1 & 0 \\ \dfrac{n_1 - n_2}{R \cdot n_2} & \dfrac{n_1}{n_2} \end{bmatrix}$	
薄透镜（焦距长度远大于透镜厚度）：焦距为 f（$f > 0$ 会聚，$f < 0$ 发散）	$\begin{bmatrix} 1 & 0 \\ -\dfrac{1}{f} & 1 \end{bmatrix}$	
球面镜：曲率半径为 R	$\begin{bmatrix} 1 & 0 \\ -\dfrac{2}{R} & 1 \end{bmatrix}$	
折射率为二次型的介质	$\begin{bmatrix} \cos\left(\sqrt{\dfrac{k_2}{k}}\,l\right) & \sqrt{\dfrac{k}{k_2}}\sin\left(\sqrt{\dfrac{k_2}{k}}\,l\right) \\ -\sqrt{\dfrac{k_2}{k}}\sin\left(\sqrt{\dfrac{k_2}{k}}\,l\right) & \cos\left(\sqrt{\dfrac{k_2}{k}}\,l\right) \end{bmatrix}$	

3.2　正常对准

3.2.1　理论推导

当拉盖尔-高斯光束在自由空间中传输时，假设 $z = 0$ 处为光束发送的初始平面，则初始电场为

$$u_0(r,\ \theta,\ 0) = E_0 \left(\frac{\sqrt{2}\,r}{w_0}\right)^s L_p^s\left(\frac{2r^2}{w_0^2}\right)\exp\left(-\frac{r^2}{w_0^2}\right)\exp(-is\theta) \tag{3.5}$$

其传输特性可以利用惠更斯-菲涅耳原理来描述，用 ABCD 传输矩阵理论来描述光束穿过光学系统后的分布。基于二者可以得到在接收平面处涡旋光束场的分布[148,236,240]

$$u(\rho,\ \varphi,\ z)=-\frac{ik}{2\pi B}\exp(-ikz)\int d^2 r u_0(r,\ \theta,\ 0)\exp\left[-\frac{ik}{2B}(D\rho^2-2\boldsymbol{\rho}\cdot\boldsymbol{r}+Ar^2)\right]$$

$$(3.6)$$

其中，k 是波数；u_0 为初始平面上的场分布；$\boldsymbol{r}$，$\boldsymbol{\rho}$ 分别为初始平面和接收平面上的点，$\begin{bmatrix} A & B \\ C & D \end{bmatrix}$ 为系统传输矩阵，A、B、C、D 为 4 个矩阵分量。把公式（3.5）代入式（3.6）中得到

$$u(\rho,\ \varphi,\ z)=-\frac{ikE_0}{2\pi B}\exp(-ikz)\exp\left(-\frac{ik}{2B}D\rho^2\right)\int_0^\infty\left(\frac{\sqrt{2}r}{w_0}\right)^s L_p^s\left(\frac{2r^2}{w_0^2}\right)$$

$$\times\exp\left(-\frac{r^2}{w_0^2}-\frac{ikAr^2}{2B}\right)\int_0^{2\pi}\exp\left[-is\theta+\frac{ik\rho r}{B}\cos(\theta-\varphi)\right]d\theta r dr \quad (3.7)$$

根据贝塞尔函数的性质[223]

$$\exp\left[i\frac{k\rho r}{B}\cos(\theta-\varphi)\right]=\sum_{l=-\infty}^{\infty}i^l J_l\left(\frac{k\rho r}{B}\right)e^{i(\theta-\varphi)} \quad (3.8)$$

$$\int_0^{2\pi}\exp[i(l-s)\theta]d\theta=\begin{cases}2\pi, & l=s \\ 0, & l\neq s\end{cases} \quad (3.9)$$

可以解出关于 θ 的积分项为

$$\int_0^{2\pi}\exp\left[-is\theta+\frac{ik\rho r}{B}\cos(\theta-\varphi)\right]d\theta$$

$$=\sum_{l=-\infty}^{\infty}J_l\left(\frac{k\rho r}{B}\right)\exp(-il\varphi)\int_0^{2\pi}\exp[-i(s-l)\theta]d\theta \quad (3.10)$$

$$=2\pi J_s\left(\frac{k\rho r}{B}\right)\exp(-is\varphi)$$

于是公式（3.7）变为

$$u(\rho,\ \varphi,\ z)=-\frac{i^{s+1}kE_0}{B}\exp(-ikz)\exp(-is\varphi)\exp\left(-\frac{ikD\rho^2}{2B}\right)$$

$$\times\int_0^\infty\left(\frac{\sqrt{2}r}{w_0}\right)^s L_p^s\left(\frac{2r^2}{w_0^2}\right)\exp\left(-\frac{r^2}{w_0^2}-\frac{ikAr^2}{2B}\right)J_s\left(\frac{k\rho r}{B}\right)r dr \quad (3.11)$$

再根据贝塞尔函数的性质[223]

$$\int_0^\infty x^{v+1}e^{-\beta x^2}L_n^v(\alpha x^2)J_v(yx)dx=2^{-v-1}\beta^{-v-n-1}(\beta-\alpha)^n y^v e^{-\frac{y^2}{4\beta}}L_n^v\left(\frac{\alpha y^2}{4\beta(\alpha-\beta)}\right) \quad (3.12)$$

得到最终接收平面的拉盖尔-高斯光场表达式为

$$u(\rho,\ \varphi,\ z)=-\frac{i^{s+1}kE_0}{2^{s+1}B}\left(\frac{\sqrt{2}k\rho}{w_0 B}\right)^s\frac{\left(\dfrac{ikA}{2B}-\dfrac{1}{w_0^2}\right)^p}{\left(\dfrac{ikA}{2B}+\dfrac{1}{w_0^2}\right)^{p+s+1}}L_p^s\left(\frac{2\rho^2}{\dfrac{4B^2}{k^2w_0^2}+A^2w_0^2}\right)$$

$$\times \exp\left(-\frac{ik}{2B}D\rho^2 - \frac{\rho^2}{\dfrac{4B^2}{k^2w_0^2} + \dfrac{i2AB}{k}}\right)\exp(-is\varphi)\exp(-ikz) \quad (3.13)$$

式 (3.13) 化简可得

$$u(\rho, \varphi, z) = \frac{w_0 E_0}{w}\left(\frac{\sqrt{2}\rho}{w}\right)^s \exp\left(-\frac{\rho^2}{w^2}\right)L_p^s\left(\frac{2\rho^2}{w^2}\right)\exp(-is\varphi)\exp(-ikz)$$

$$\times \exp\left[-\frac{ik\rho^2}{2B}\left(D - \frac{A}{A^2 + \dfrac{B^2}{z_0^2}}\right)\right]\exp\left[i(2p + s + 1)\arctan\left(\frac{B}{Az_0}\right)\right]$$

$$(3.14)$$

其中，$w = w_0\sqrt{A^2 + B^2/z_0^2}$，$z_0 = kw_0^2/2$ 为瑞利距离。

3.2.2　常见光学系统

下面以几个不同的光学系统为例分别讨论。

1. 自由空间

自由空间的传输矩阵为 $\begin{bmatrix} A & B \\ C & D \end{bmatrix} = \begin{bmatrix} 1 & z \\ 0 & 1 \end{bmatrix}$，可以得到拉盖尔-高斯光束在自由空间中的传输表达式

$$u(\rho, \phi, z) = E_0\left[1 + \left(\frac{z}{z_0}\right)^2\right]^{-0.5}\left(\frac{\sqrt{2}\rho}{w}\right)^s \exp\left(-\frac{\rho^2}{w^2}\right)L_p^s\left(\frac{2\rho^2}{w^2}\right)\exp(-is\varphi)$$

$$\times \exp\left[i(2p + s + 1)\arctan\left(\frac{z}{z_0}\right) - i\frac{k\rho^2}{2R(z)} - ikz\right]$$

$$(3.15)$$

其中，$w = w_0\sqrt{1 + z^2/z_0^2}$，$R(z) = z[1 + (z_0/z)^2]$ 为光束的曲率半径，$(2p + s + 1)\arctan\left(\dfrac{z}{z_0}\right)$ 为古依相移。可以看出，得到的表达式与第二章给出的拉盖尔-高斯光束的表达式完全相同。与高斯光束一样，古依相移的出现影响了拉盖尔-高斯光束的相速度，相移可以解释为是光腰处的加速度[88]。

2. 薄透镜

当拉盖尔-高斯光束经自由空间传输后再经薄透镜接收后，此时的 ABCD 矩阵为

$$\begin{bmatrix} A & B \\ C & D \end{bmatrix} = \begin{bmatrix} 1 & 0 \\ -\dfrac{1}{f} & 1 \end{bmatrix}\begin{bmatrix} 1 & z \\ 0 & 1 \end{bmatrix} = \begin{bmatrix} 1 & z \\ -\dfrac{1}{f} & 1 - \dfrac{z}{f} \end{bmatrix} \quad (3.16)$$

代入式 (3.14) 得到光束电场表达式为

$$u(\rho, \varphi, z) = \frac{w_0 E_0}{w}\left(\frac{\sqrt{2}\rho}{w}\right)^s \exp\left(-\frac{\rho^2}{w^2}\right)L_p^s\left(\frac{2\rho^2}{w^2}\right)\exp(-is\varphi)\exp(-ikz)$$

$$\times \exp\left[i(2p+s+1)\arctan\frac{z}{z_0} - i\frac{k\rho^2 z}{2(z^2+z_0^2)} - \frac{ik\rho^2}{2f}\right] \tag{3.17}$$

其中光束半径仍旧不变，为 $w = w_0\sqrt{1+z^2/z_0^2}$，由式（3.17）可以得出拉盖尔-高斯光束经薄透镜传输后，其轨道角动量特性并不发生改变，只有曲率半径发生改变，由原来的 $R(z) = z[1+(z_0/z)^2]$ 变成 $R' = fR(z)/[R(z)+f]$，两者相比较得 $R' - R = -R^2/(R+f)$。本章考虑光束是向 z 方向传播，因此 $z > 0$，且曲率半径 $R(z) > 0$。则由上式得到，当薄透镜为凸透镜即 $f > 0$，或为凹透镜且 $0 < -f < R(z)$，即 $z > \left(-f+\sqrt{f^2-4z_0^2}\right)/2$ 时，$R' < R(z)$，光束的曲率半径变小。而当薄透镜为凹透镜，且满足 $\left(-f-\sqrt{f^2-4z_0^2}\right)/2 < z < \left(-f+\sqrt{f^2-4z_0^2}\right)/2$ 时，光束的曲率半径变大。

3. 有限孔径

假设拉盖尔-高斯光束经自由空间传输后，再通过一个透过函数为 $\exp(-\rho^2/\sigma^2)$ 的有限孔径，此时 $ABCD$ 传输矩阵可以表示为[236]

$$\begin{bmatrix} A & B \\ C & D \end{bmatrix} = \begin{bmatrix} 1 & 0 \\ -\dfrac{2i}{k\sigma^2} & 1 \end{bmatrix}\begin{bmatrix} 1 & z \\ 0 & 1 \end{bmatrix} = \begin{bmatrix} 1 & z \\ -\dfrac{2i}{k\sigma^2} & 1-\dfrac{2iz}{k\sigma^2} \end{bmatrix} \tag{3.18}$$

代入公式（3.14）得到

$$u(\rho, \varphi, z) = \frac{w_0 E_0}{w}\left(\frac{\sqrt{2}\rho}{w}\right)^s \exp\left(-\frac{\rho^2}{w^2}\right) L_p^s\left(\frac{2\rho^2}{w^2}\right) \exp(-is\varphi)$$
$$\times \exp\left(-\frac{\rho^2}{\sigma^2}\right)\exp\left[i(2p+s+1)\arctan\frac{z}{z_0} - i\frac{\rho^2}{w^2}\frac{z}{z_0} - ikz\right] \tag{3.19}$$

其中，$w = w_0\sqrt{1+z^2/z_0^2}$。光束穿过一个孔径后，输出光束的表达式为入射前的表达式与孔径的透过函数之积[202]，式（3.19）即证明该点。

3.2.3 结论

由上述分析可知，旋转对称的光学系统只会影响光束的衍射特性或曲率半径等，并不会影响拉盖尔-高斯光束的轨道角动量特性。Allen 当初证实拉盖尔-高斯光束之所以会携带轨道角动量是因为其线性动量中具有角向的分量，才使得拉盖尔-高斯光束在传播方向具有确定的轨道角动量，而其线性动量的角向分量是因为光束的电场表达式中具有一项随方位角变化的相位项。旋转对称的光学系统不会改变光束的相位随方位角的变化情况，因此不会给拉盖尔-高斯光束的轨道角动量分布带来影响。

3.3 不对准分析

如绪论中所述，涡旋光束应用于信息传输与处理领域具有非常大的优势。Gibson[6]也提出利用轨道角动量进行自由空间信息传输的方案，把轨道角动量（拓扑荷）的编码方式应用于通信中不但可以提高通信系统的容量，还可以增强其安全性。然而当接收系统与光束出现不对准情况时，会引起被接收光束的螺旋谱弥散，无法准确解码出发射的拓扑荷。因此，对于系统不对准时涡旋光束的研究在轨道角动量信息传输中具有重要的应用前景。据所查得的文献资料显示，关于不对准情况下轨道角动量信息传输的研究较少。目前只见高斯光束及拉盖尔-高斯光束与系统接收机发生横向偏移和角向倾斜时光束螺旋谱的分布由文献[241]给出。文献[242]给出了描述涡旋光束的角向倾斜和横向偏移的螺旋谱的量子符号，并由光束螺旋谱和光束旋转算符的平均值的共轭关系推导出光束的表达式。但是以上研究都是针对光束在初始平面 $z = 0$ 时的情况，而没有涉及光束在自由空间中传输一段距离后，与接收机出现角向倾斜和横向偏移时的改变情况。

因为螺旋谱可以更方便地研究光束的轨道角动量成分的变化情况，本节将对光束在自由空间中传输一段距离后不对准时光束螺旋谱的变化情况进行深入研究，主要有光束在任意传输距离处，接收机与光束不对准时被接收光束的螺旋谱的变化情况。本节主要采用数学推导和数值仿真的方法，得到在任意传播距离处，接收系统轴与光轴分别出现横向偏移、角向倾斜，以及两者同时存在时光束的表达式，并分析和比较了几种情况下螺旋谱的变化特征。最后根据所得研究成果，还提出一种对信息传输系统校准的方法，这对促进轨道角动量信息传输的实用化具有重要意义。

3.3.1 横向偏移

本节为了方便，假设拉盖尔-高斯光束的径向指数 $p = 0$，该假设并不会影响结果的普遍性。横向偏移的位置关系如图 3.1 所示，光束的横向位移为 (x_0, y_0)。当拓扑荷为 s 的 LG 光束被发射出去后，在某一传输距离 z 处的接收机与光束之间出现横向偏移时，则在 z 处，不对准光束的表达式为：

$$
\begin{aligned}
u(x, y, z) = & \frac{A}{\sqrt{1 + (z/z_0)^2}} \left[\frac{\sqrt{2}\left[(x - x_0) + i(y - y_0)\right]}{w(z)} \right]^s \\
& \times \exp\left[-\frac{(x - x_0)^2 + (y - y_0)^2}{w^2(z)} \right] \\
& \times \exp\left[i(s + 1)\arctan\left(\frac{z}{z_0}\right) - i\frac{(x - x_0)^2 + (y - y_0)^2}{w^2(z)}\frac{z}{z_0} \right]
\end{aligned}
\tag{3.20}
$$

把上式转化到圆柱坐标系中，并设 $x_0 = d\cos\xi$，$y_0 = d\sin\xi$，d 是光轴和接收系统轴之间的偏移距离，ξ 为光束轴的偏移方向，则式（3.20）可写成

$$
\begin{aligned}
u(r, \varphi, z) = & A\left[1 + \left(\frac{z}{z_0}\right)^2 \right]^{-0.5} \left[\frac{\sqrt{2}(re^{i\varphi} - de^{i\xi})}{w(z)} \right]^s \\
& \times \exp\left[-\frac{r^2 + d^2 - 2rd\cos(\varphi - \xi)}{w^2(z)} \right] \\
& \times \exp\left[i(s + 1)\arctan\left(\frac{z}{z_0}\right) - i\frac{r^2 + d^2 - 2rd\cos(\varphi - \xi)}{w^2(z)}\frac{z}{z_0} \right]
\end{aligned}
\tag{3.21}
$$

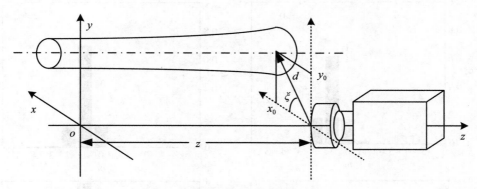

图 3.1 系统发生横向偏移时的位置关系图

因为 $\exp(ix\sin\theta) = \sum\limits_{m=-\infty}^{\infty} J_m(x)e^{im\theta}$ 且 $I_m(x) = e^{-im\frac{\pi}{2}}J_m(ix)$，则可把公式（3.21）分解成

$$
\begin{aligned}
u(r,\phi,z) &= A\left[1+\left(\frac{z}{z_0}\right)^2\right]^{-0.5}\left[\frac{\sqrt{2}(re^{i\phi}-de^{i\xi})}{w(z)}\right]^s\exp\left[-\left(1+i\frac{z}{z_0}\right)\frac{r^2+d^2}{w^2(z)}\right] \\
&\quad \times \exp\left[i(s+1)\arctan\left(\frac{z}{z_0}\right)\right]\sum_{m=-\infty}^{\infty}I_m\left(\frac{2rd}{w^2(z)}\right)\exp(im(\phi-\xi)) \\
&\quad \times \sum_{n=-\infty}^{\infty}J_n\left(\frac{2rdz/z_0}{w^2(z)}\right)\exp(in(\phi-\xi+\pi/2)) \\
&= \sum_{m=-\infty}^{\infty}B_m(r,d,z)\exp(im\phi-i(m-s)\xi)
\end{aligned}
$$

$$(3.22)$$

其中，

$$
\begin{aligned}
B_m(r,d,z) &= A\left[1+\left(\frac{z}{z_0}\right)^2\right]^{-0.5}\left(\frac{\sqrt{2}}{w(z)}\right)^s\exp\left[-\left(1+i\frac{z}{z_0}\right)\frac{r^2+d^2}{w^2(z)}\right] \\
&\quad \times \exp\left[i(s+1)\arctan\left(\frac{z}{z_0}\right)\right]\sum_{q=0}^{s}\left\{C_s^q r^q(-d)^{s-q}\right. \\
&\quad \left. \times \sum_{n=-\infty}^{\infty}J_n\left(\frac{2rdz/z_0}{w^2(z)}\right)I_{m-n-q}\left(\frac{2rd}{w^2(z)}\right)\exp(in\pi/2)\right\}
\end{aligned}
$$

$$(3.23)$$

根据公式（3.22）可以仿真出接收机分别在 $d=0.5w_0$ 和 $d=2w_0$ 时不同距离处接收到的 LG_0^1 光束（本节的模拟结果均以 LG_0^1 光束为例，对于其他的拓扑荷，经验证，光束的螺旋谱随不对准条件的变化规律是相同的）所对应的螺旋谱，如图 3.2 所示。当接收系统与光束发生横向偏移时，被接收到的光束的螺旋谱会发生弥散。在距离 $z=0$ 处，螺旋谱关于 $m=s$ 对称分布，因此光束总的轨道角动量（也就是所有分量的相对能量的算术和[5]）与最初发射光束的轨道角动量相同。随着传播距离的增加，螺旋谱分布不再关于 $m=s$ 对称，且各分量的相对能量逐渐往 $m=s$ 上集中，到一定距离后不再发生改变，最终只剩 $m=s$ 与 $m=s-1$ 两个分量。

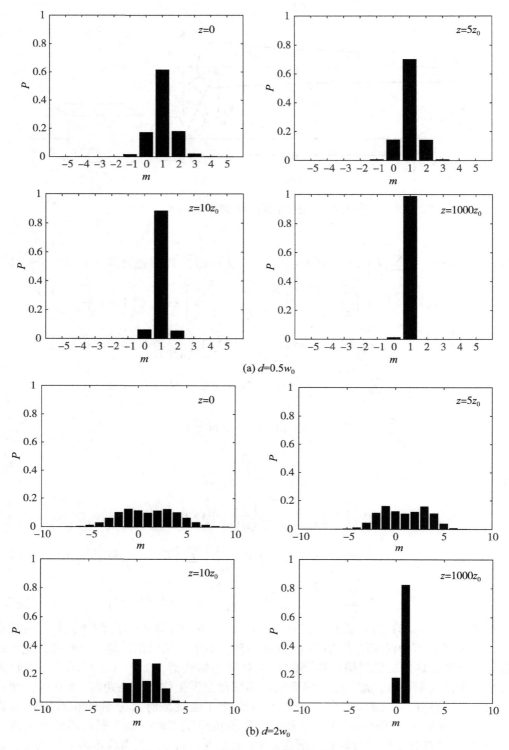

(a) $d=0.5w_0$

(b) $d=2w_0$

图 3.2　横向偏移时的螺旋谱分布

　　图3.3给出了四个不同距离处，各螺旋谐波分量的相对能量随横向偏移距离 d 变化的关系曲线（图中只显示几个主要分量，其余小分量未给出）。由图3.3可知，随着横向偏移距离 d 的增大，$m = s$ 分量的损耗越大，螺旋谱弥散现象越明显，最终螺旋谱呈均匀分布。随着传播距离的增加，螺旋谱不再对称分布，各分量的相对能量逐渐往 $m = s$ 上集中，到一定距离后螺旋谱达到稳定态，不再随距离发生改变，最终只剩下 $m = s$ 与 $m = s - 1$ 两个分量。螺旋谱达到稳定态时，在 $d = 4.2w_0$ 处，$m = s$ 与 $m = s - 1$ 的相对能量相同。另外，我们也分析了光束的螺旋谱随光束轴的偏移方向 ξ 的变化情况（变化关系图未显示），得出偏移方向的变化几乎不影响光束的螺旋谱分布。

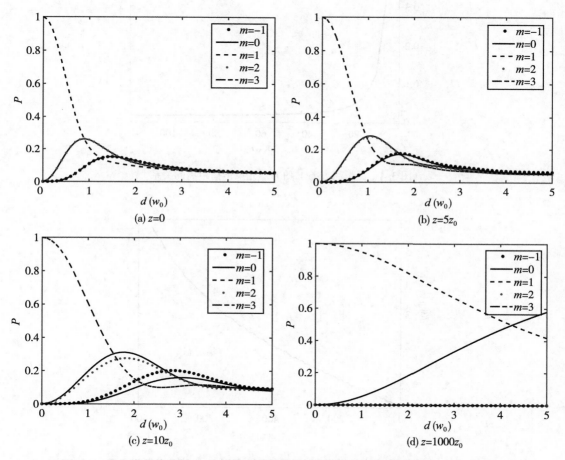

图3.3　发生横向偏移时，LG_0^1 光束各螺旋谐波分量的相对能量与偏移量 d_0 的关系图

　　图3.4为 $d = 0.5w_0$ 时，无量纲方差 V（1.2.4节已述）随距离 z 的变化关系。在 $z = 0$ 时螺旋谱的弥散现象最严重，随着距离的增加，弥散程度逐渐减小，在一定距离之后达到稳定。稳定状态时的无量纲方差 V 不为零，是由于此时螺旋谱仍存在一个 $m = s - 1$ 的分量。由图3.4可知，随着传播距离的增加，螺旋谱分布会达到一个稳定态，且之后不再发

生改变。对于不同的偏移量，光束达到稳定态所处的距离不同，图 3.5 为稳定态时，距离与偏移量之间的关系。经拟合得到两者之间的关系为

$$\frac{z}{z_0} \geqslant -18.347 \left(\frac{d}{w_0}\right)^2 + 237.58 \frac{d}{w_0} - 12.322 \qquad (3.24)$$

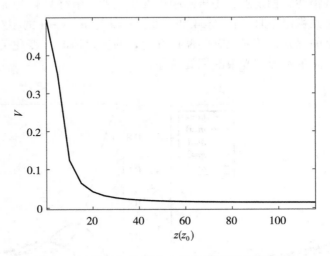

图 3.4　无量纲方差 V 随 LG_0^1 光束传播距离的关系

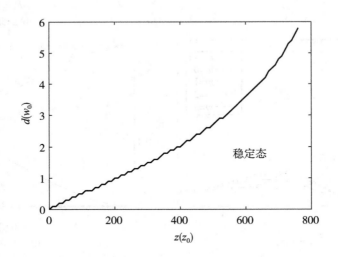

图 3.5　LG_0^1 光束的螺旋谱达稳定态时，距离与偏移量之间的关系

3.3.2　角向倾斜

图 3.6 为光束轴与接收轴在距离 z 处发生角向倾斜时的位置图。此时相当于光束穿过一个透射函数为 $\exp(i\beta r\cos(\phi - \eta))$ 的相位楔（phase wedge），其中 β 与光束偏离角 γ 相

关, $\beta = k\sin\gamma$, η 是光束方位角[241]。则光束的表达式为:

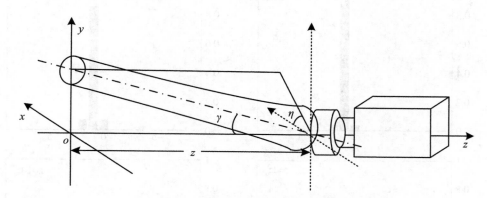

图 3.6　角向倾斜时的位置关系图

$$u(r,\varphi,z) = A\left[1+\left(\frac{z}{z_0}\right)^2\right]^{-0.5}\exp\left[-\left(\frac{r}{w(z)}\right)^2\right]\left[\frac{\sqrt{2}r}{w(z)}\right]^s\exp(is\varphi)$$

$$\times\exp\left[i(s+1)\arctan\left(\frac{z}{z_0}\right)-i\left(\frac{r}{w(z)}\right)^2\frac{z}{z_0}\right]\exp[i\beta r\cos(\varphi-\eta)]$$

$$= A\left[1+\left(\frac{z}{z_0}\right)^2\right]^{-0.5}\exp\left[-\left(\frac{r}{w(z)}\right)^2\right]\left[\frac{\sqrt{2}r}{w(z)}\right]^s\exp\left(is\varphi-i\left(\frac{r}{w(z)}\right)^2\frac{z}{z_0}\right)$$

$$\times\exp\left[i(s+1)\arctan\left(\frac{z}{z_0}\right)\right]\sum_{m=-\infty}^{\infty}J_m(\beta r)\exp(im(\varphi-\eta+\pi/2))$$

$$= \sum_{m=-\infty}^{\infty}B_m(r,z)\exp(im\varphi+i(m-s)(-\eta+\pi/2))$$

$$(3.25)$$

其中,

$$B_m(r,z) = A\left[1+\left(\frac{z}{z_0}\right)^2\right]^{-0.5}\exp\left[-\left(\frac{r}{w(z)}\right)^2\right]\left[\frac{\sqrt{2}r}{w(z)}\right]^s$$

$$\times\exp\left[i(s+1)\arctan\left(\frac{z}{z_0}\right)-i\left(\frac{r}{w(z)}\right)^2\frac{z}{z_0}\right]J_{m-s}(\beta r)$$

$$(3.26)$$

如图 3.7 所示为角向倾斜分别为 $\gamma = 1\times 10^{-4}$ 和 $\gamma = 2.5\times 10^{-4}$ 时, 光束在不同距离处的螺旋谱分布。与横向偏移情况相同, 随着光束偏离角 γ 的增加, $m=s$ 分量的损耗越大, 螺旋谱弥散现象越明显, 最终螺旋谱呈均匀分布。然而, 与横向偏移情况不同的是, 随着传播距离的增加, 螺旋谱弥散现象越明显, 最终呈均匀分布。

图 3.8 给出了 4 个不同距离处, 各螺旋谐波分量的相对能量随偏离角 γ 变化的关系曲线 (图中只显示了几个主要分量, 其余小分量省略)。为了显示得更清楚, 图 3.8 (c) (d) 中横坐标的偏离角 γ 值更小。无论 z 为何值, 倾斜角有多大, 光束的螺旋谱一直呈对称性分布。与横向偏移情况相似, 光束方位角 η 的变化对被接收光束的螺旋谱分布几乎

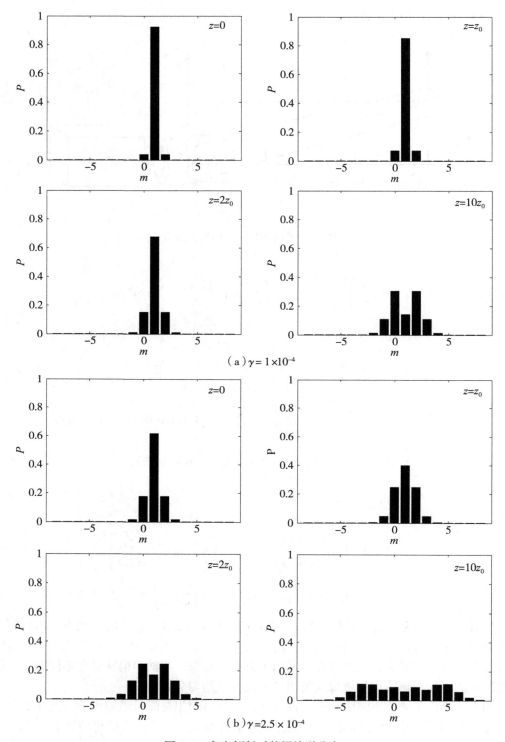

（a）$\gamma = 1 \times 10^{-4}$

（b）$\gamma = 2.5 \times 10^{-4}$

图 3.7　角向倾斜时的螺旋谱分布

无影响（螺旋谱随 η 变化的关系图未显示）。

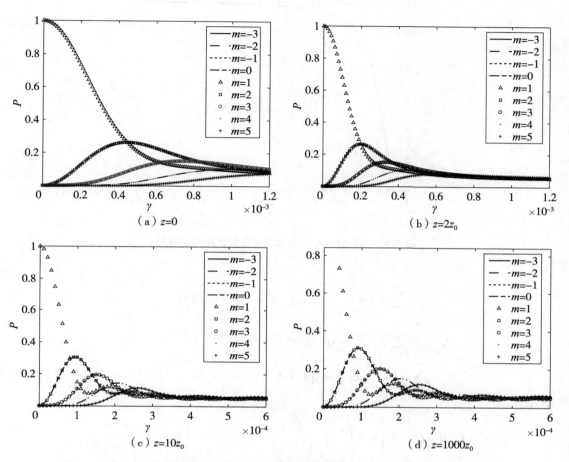

图 3.8 发生角向倾斜时，LG_0^1 光束各螺旋谐波分量的相对能量与偏离角 γ 的关系图

图 3.9 为当 $\gamma = 2.5 \times 10^{-4}$ 时，无量纲方差 V 与距离 z 的关系。可以看出，与横向偏移情况不同，随着距离的增加，弥散程度开始快速增加，但是随着距离越大，增加速度逐渐缓慢。

3.3.3 横向偏移与角向倾斜同时存在

在实际探测中，接收机与光束之间一般横向偏移与角向倾斜会同时发生。此时，在距离 z 处，不对准光束的表达式为：

$$u(r,\ \phi,\ z) = A\left[1 + \left(\frac{z}{z_0}\right)^2\right]^{-0.5}\left[\frac{\sqrt{2}\,(re^{i\phi} - de^{i\xi})}{w(z)}\right]^s \exp\left[-\left(1 + i\frac{z}{z_0}\right)\frac{r^2 + d^2}{w^2(z)}\right]$$

$$\times \exp\left[i(s+1)\arctan\left(\frac{z}{z_0}\right)\right]\sum_{m=-\infty}^{\infty} I_m\left(\frac{2rd}{w^2(z)}\right)\exp(im(\phi - \xi))$$

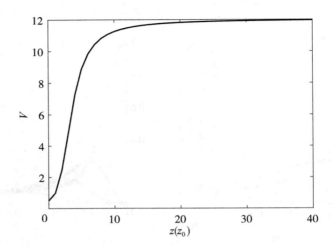

图 3.9　无量纲方差 V 与 LG_0^1 光束传播距离 z 的关系

$$
\times \sum_{n=-\infty}^{\infty} J_n\left(\frac{2rdz/z_0}{w^2(z)}\right) \exp(in(\phi - \xi + \pi/2))
$$

$$
\times \sum_{p=-\infty}^{\infty} J_m(\beta r) \exp(ip(\phi - \eta + \pi/2))
$$

$$
= \sum_{m=-\infty}^{\infty} C_m(r,\ d,\ z) \exp(im\phi - i(m-s)\xi) \tag{3.27}
$$

其中,

$$
\begin{aligned}
C_m(r,\ d,\ z) = A\left[1 + \left(\frac{z}{z_0}\right)^2\right]^{-0.5} \left(\frac{\sqrt{2}}{w(z)}\right)^s \exp\left[-\left(1 + i\frac{z}{z_0}\right)\frac{r^2 + d^2}{w^2(z)}\right] \\
\times \exp\left[i(s+1)\arctan\left(\frac{z}{z_0}\right)\right] \sum_{q=0}^{s} \{C_s^q r^q\ (-d)^{s-q} \\
\times \sum_{n=-\infty}^{\infty}\left\{J_n\left(\frac{2rdz/z_0}{w^2(z)}\right) \exp(in\pi/2)\right. \\
\left.\times \sum_{p=-\infty}^{\infty} \mathrm{I}_{m-q-n-p}\left(\frac{2rd}{w^2(z)}\right) J_p(\beta r) \exp\left[ip(\xi - \eta + \pi/2)\right]\right\}\}
\end{aligned} \tag{3.28}
$$

　　图 3.10 所示为横向偏移与角向倾斜同时存在时, 在 4 个不同传输距离处, LG_0^1 光束 $m = s = 1$ 分量的相对能量与偏移量 d_0 和偏离角 γ 的灰度图。由图 3.10 可知, 在这种情况下, 光束螺旋谱的 $m = s$ 分量的损耗很大, 螺旋谱比较容易衰减成均匀谱。同时, 图 3.10 也表明随着距离的增加, 横向偏移时的螺旋谱的弥散程度逐渐减小, 而角向倾斜时的螺旋谱弥散程度逐渐增加, 与上述 3.3.1 节和 3.3.2 节两部分得到的结论相符。此时, 光束的螺旋谱也失去了对称性。

　　图 3.11 描述了 $d = 0.5w_0$, $\gamma = 2.5 \times 10^{-4}$ 时, 无量纲方差随传输距离的关系, 实线为横向偏移与角向倾斜同时存在时无量纲方差的变化曲线, 虚线为两者单独存在时无量纲方

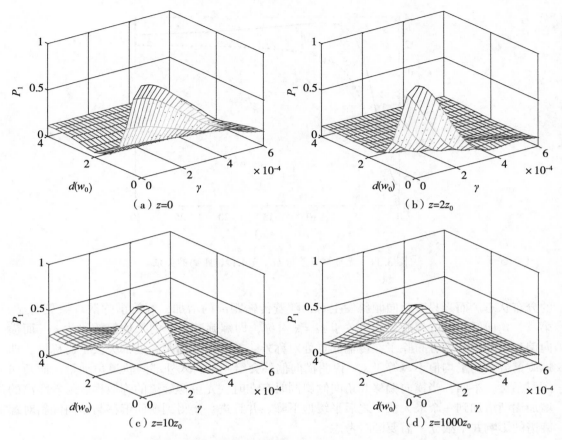

图 3.10 横向偏移和角向倾斜同时存在时, LG_0^1 光束 $m = s = 1$ 分量的
相对能量与偏移量 d_0 和偏离角 γ 的灰度图

差之和的曲线。由图 3.11 可以看出, 横向偏移与角向倾斜同时存在时, 光束螺旋谱的弥散程度随着距离的增加逐渐增加到一个最大值, 之后平缓地下降。当两者同时存在时, 光束螺旋谱受到的影响比两者单独存在时螺旋谱受到的影响之和大。以 $z = 10$ 为例, 只发生横向偏移时, 无量纲方差 $V_1 = 0.1235$, 只发生角向倾斜时, $V_2 = 11.253$, 而两者同时发生时, $V = 13.529 > V_1 + V_2$。由此说明, 横向偏移与角向倾斜对螺旋谱的影响并不是独立的, 需要同时考虑。

3.3.4 结论

经过仿真分析得到以下结论: 第一, 横向偏移和角向倾斜都会引起螺旋谱的弥散。螺旋谱的弥散现象只与偏移量的值有关, 而与偏移方向无关。而且横向偏移与角向倾斜越严重, 螺旋谱弥散现象越明显。第二, 当只发生横向偏移时, 随着传输距离的增加, 螺旋谱弥散现象会逐渐减小, 最终螺旋谱不再随距离改变, 只剩 $m = s$ 与 $m = s - 1$ 分量达到稳定

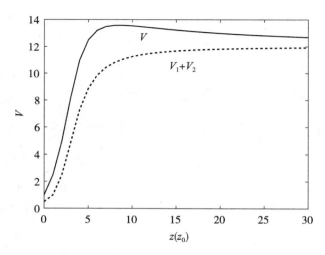

图 3.11　无量纲方差与 LG_0^1 光束传输距离的关系

的分布状态。而当只有角向倾斜发生时，随着传输距离的增加，螺旋谱弥散现象更明显。第三，角向倾斜时的螺旋谱始终关于 $m = s$ 对称，即螺旋谱分布的平均值始终为 s，而横向偏移时的螺旋谱分布除了在传输起点处对称外，在其他传播距离处都失去了对称性，即螺旋谱分布的平均值不再等于 s，说明横向偏移会给光束引入外部的轨道角动量，而角向倾斜不会。第四，当横向偏移和角向倾斜同时存在时，光束螺旋谱的弥散程度随着距离的增加逐渐增加到一个最大值，之后平缓地下降。并且进一步得到横向偏移与角向倾斜对螺旋谱的影响并不独立，需要同时考虑。

　　由于接收系统与光束出现不对准情况时，会引起被接收涡旋光束的螺旋谱弥散，从而影响通信系统的质量。因此，在系统开始传输数据之前，必须先确保发射系统与接收系统之间对准。根据以上研究结果，给出以下对准的方法。因为只发生角向倾斜时光束螺旋谱分布的平均值始终为 s，而横向偏移或两者同时存在时该平均值不为 s，所以可以先确定横向位置对准，然后再对角向位置进行对准。具体过程如下：首先传送一个拓扑荷为 s 的信号，然后计算接收机接收到光束螺旋谱的平均值，如果均值为 s，说明此时光轴与接收机轴之间不发生横向偏移；否则，继续对接收机进行横向位置的调整。其次，在确定接收机的横向位置后，利用 2.1.3 节所述的相位全息图解码方法，以只有在 $-s$ 的位置出现亮点（该处由于有两个数值相同，符号相反的拓扑荷叠加，轨道角动量互相抵消，在强度样式图中会出现亮点）为依据，调整角向位置，最终实现校准过程。需要指出的是，这里提出的校准方法，是在系统进行通信之前，对接收轴与发送轴之间进行对准的过程，所以拓扑荷 s 需要事先知道。而在信息传输过程中，光束的拓扑荷直接表示所需传送的信息，是需要测量的，利用相位全息图发射与探测每次发送的信息，即拓扑荷。

3.4 本章小结

    本章研究了自由空间中拉盖尔-高斯光束的传输特性。利用惠更斯-菲涅耳公式和 ABCD 矩阵推出了拉盖尔-高斯光束在自由空间中经过不同光学系统的传输表达式。分析了几种不同旋转对称光学系统中拉盖尔-高斯光束的特性，发现旋转对称的光学系统不会影响拉盖尔-高斯光束的轨道角动量特性。因为在实际应用中，光束与系统之间难免会发生不对准的情况，而光束与系统之间的不对准对拉盖尔-高斯光束的影响非常大，于是研究了螺旋光束在任意传输距离处，接收系统与光束之间未对准对螺旋谱的影响。采用数学推导和数值仿真的方法，得到在任意传播距离处，接收系统轴与光轴分别出现横向偏移、角向倾斜，以及两者同时存在时光束的表达式，并分析和比较了几种情况下螺旋谱的变化特征。经证实，光束与系统间的不对准会引起涡旋光束螺旋谱的弥散，因此在实际应用中，必须确保光束与系统的对准。

第4章 涡旋光束在湍流大气中的传输特性

涡旋光束因其显著的优势已经在众多领域得到广泛且重要的应用,当它用于通信编码时,能有效地提高数据传输容量和安全性。然而,当激光在大气中传输时,会受到大气湍流的影响,不仅会引起光束的传播距离变短,光波功率出现波动,还会引起通信系统误码率的增加和信道容量的降低,因此大气湍流对涡旋光束的影响以及涡旋光束在大气中的传输特性都是值得深入研究的问题。本章会研究大气湍流对涡旋光束传输特性的影响。

4.1 大气湍流的基本理论

大气湍流是大气中一种重要的运动形式,它的存在使大气中的动量、热量、水汽和污染物的垂直和水平交换作用明显增强,远大于分子运动的交换强度。大气湍流的存在同时对光波、声波和电磁波在大气中的传播产生一定的干扰作用。人类活动和太阳辐射等因素所产生的大气微小温度随机变化造成大气密度的随机变化,从而导致了大气折射率的随机变化,而大气折射率的随机变化进一步会引起光波的强度、相位与传播方向等参数随着湍流而起伏,但是不会引起光波能量的损耗[243]。早在 20 世纪 40 年代就已经开始了关于湍流大气中波的传播和散射等研究。1941 年,Kolmogorov 和 Obukhov 建立了大雷诺(Reynolds)数下表征湍流微结构基本性质的定律以后,湍流理论得到重大进展,而此大雷诺数湍流的局地结构理论,是现代湍流理论的基础[244]。

4.1.1 湍流的发生

湍流[244,245]的研究是流体动力学中的一个重要分支。黏性流体具有层流和湍流两种不同状态。雷诺(Osborne Reynolds)于 1883 年最早进行了关于湍流的实验研究。他利用一个长而直的玻璃圆管,将透明液体从玻璃的左端注入管中,并尽可能小心地确保玻璃管不受到任何震动。为了更清楚地观察玻璃管中液体的流动状况,雷诺在管的入口处注入的液体中滴入一股染色的细流。实验发现,如果保证玻璃管中的液体流动足够慢,则发现带颜色的细流不会增宽,而是顺流而下,从左端入口处到玻璃管的右端出口始终保持一根轮廓清晰的纤细直线,且流线平滑笔直,这种平滑的流动被称为层流。然而,如果增大液体的流动速度,则会发现原本平滑笔直的细丝状流线会在流体入口后的某处破碎,明显与周围的透明液体相混合,到后端时玻璃管中的透明液体已变成淡的颜色,再也无法分辨出带颜色的细流了。因为,此时的流体运动开始变得没有规律,并且产生混乱、交叉、变化迅速的扰动,整个流体做不规则的随机运动,这种运动状态被称为湍流。

雷诺还利用动力相似性原理引入了一个雷诺数

$$\text{Re} = 2vL/\nu \tag{4.1}$$

其中，L 为流体的特征尺度，如果是管道内的流体，它就是管道直径；v 是流体的特征速度，在层流状态时，它是流体的平均流速；ν 称为运动黏性系数。雷诺数是一个无量纲数，是流体流动的动力学性质的标志，只要雷诺数相同，无论流动的形式如何，流体就是动力相似的。液体的流动从层流到湍流都是在相同的雷诺数下发生的。当 Re 小于一个临界雷诺数 Re_c 时，则流动为层流；而当 Re 大于 Re_c 时，流动就转成了湍流[245]。如果在一个直径为 L 的管道里形成了湍流运动，管道内涡旋的速度有 ν 的量纲，与涡旋有关的特征时间的量纲是 $\tau = L/v$，则单位质量的流体在单位时间内的动能量纲为 $v^2/\tau = v^3/L$。单位时间内单位质量流体的湍流耗散能的量纲是 $vu^2/(L)^2$。湍流能和耗散能的比例就是雷诺数。湍流能量由于黏滞性而被耗散，为了维持湍流运动，湍流的动能必须比耗散能大很多。临界雷诺数 Re_c 不是一个普通的常数，它的数值与湍流产生的方式和结构的几何形状有关。

按照柯尔莫哥洛夫（Kolmogorov）理论，湍流的平均速度的变化使湍流获得能量。只要流体的平均速度大于某一定值，层流运动就有可能转化为湍流。当这种转化开始后，首先出现的湍流涡旋是那些与流动整体特征尺度相当的巨大涡旋，它的特征尺度记为 L_0，称为湍流的外尺度。对于大气湍流，外尺度 L_0 近似于气流离地面的高度，通常在数十米至数百米的范围。令 V_0 为一个外尺度为 L_0 的涡旋速度，则单位时间单位质量的流体动能是 V_0^3/L_0，单位时间单位质量的耗散能为 vV_0^2/L_0^2。因为雷诺数很大，所以动能远大于耗散能，耗散能便可以忽略，这时几乎所有的动能都传递给尺度更小的涡旋。令 V_1，V_2，$\cdots$，V_n 是尺度为 L_1，L_2，$\cdots$，L_n 的小涡旋的速度，其中 $L_0 > L_1 > \cdots > L_n$，则对于所有不同尺度的涡旋，单位时间单位质量的动能都必须近似相等，即 $V_0^3/L_0 \approx V_1^3/L_1 \approx \cdots \approx V_n^3/L_n$。然而，随着涡旋尺度变小，耗散能 vV_n^2/L_n^2 增加，直至某一最小尺度 l_0 的涡旋，它的动能与耗散能相当。在这个尺度 l_0 上，所有的动能都转变成热能，再没有动能分给尺度更小的涡旋，l_0 就称为湍流的内尺度。在近地面的高度，l_0 在毫米量级。

4.1.2 折射率结构函数

大气湍流是大气中一种不规则的随机运动，这种运动服从某种统计规律，湍流每一点上的压强、强度、温度等物理特性随机涨落。从总体来说，大气湍流不是各向同性的，但在给定的小区域内可以近似看成均匀各向同性。一般可以把湍流分为三个区域：输入区、惯性子区间和耗散区。当区域内的波数 κ 小于 $2\pi/L_0$ 时，这部分区域被称为输入区，在输入区内谱的形状取决于特定的湍流是如何发生，一般是各向异性的，因此这个区域内还不能从理论上预测谱的数学形式；当 $2\pi/L_0 < \kappa < 2\pi/l_0$ 时，这个区域被称为惯性子空间，这个区域内可以近似看成均匀各向同性的；而当 $\kappa > 2\pi/l_0$ 时，这个区域称为耗散区，在该区域里能量的耗散超过动能，能量非常小。

目前对湍流的研究主要集中在惯性子空间内，在这个区域内湍流是各向同性和均匀的。采用湍流统计理论方法可以用两个位置矢量 $\boldsymbol{r}_1$ 和 $\boldsymbol{r}_2$ 间的折射率结构函数[245-247] $D_n(\boldsymbol{r}_1, \boldsymbol{r}_2)$ 来描述折射率的变化：

$$D_n(\boldsymbol{r}_1, \boldsymbol{r}_2) = \langle [n(\boldsymbol{r}_1) - n(\boldsymbol{r}_2)]^2 \rangle \tag{4.2}$$

这一结构函数仅仅依赖于位置矢量间的距离 $r' = |\boldsymbol{r}_1 - \boldsymbol{r}_2|$。由于大气折射率是温度的函数，因此折射率场的特性和温度场的特性密切联系在一起，根据 Kolmogorov 理论，温度结构函数 D_θ 和折射率结构函数 D_n 都符合 2/3 定律。其中折射率结构函数：

$$D_n(r) = C_n^2 r^{2/3}, \quad l_0 \ll r \ll L_0 \tag{4.3}$$

结构函数的这种形式仅在 r 的取值位于湍流内尺度 l_0 和湍流外尺度 L_0 之间时才成立。式中的 C_n^2 为折射率结构常数，它不是真正意义上不变的量，而是时间和空间的函数，它表征了湍流的强度；其值与局部的大气条件和离地面的高度有关，且随着离地高度的增加而减小，其量级在 $10^{-17} \sim 10^{-12}\mathrm{m}^{-2/3}$ 之间[245]。目前还没有统一的关于湍流强度的划分方法，达维斯（Davis）提出过一种划分，折合到 C_n^2 的数值是：当 $C_n^2 > 2.5 \times 10^{-13}$ 时，为强湍流；当 $C_n^2 < 6.4 \times 10^{-17}$ 时，为弱湍流；中等湍流介于两者中间。有时把大气中折射率结构常数分为两个部分，一是近地面的大气层，其湍流状态受到地面状况的影响，一般称为边界层；二是离地面较高的大气中，它们基本上不受地面状况的影响，称为自由大气湍流。一般来说，大气中折射率结构常数会随着高度和天气变化，而且在一天中也会发生显著变化，夜间和清晨的湍流很弱，白天的湍流相对较强，有植被的地面比裸露的地面具有的湍流更弱，乡村地区湍流强度低于城市。

目前常用的 C_n^2 白天模型有 Hufnagel-valley 模型，简称为 H-V 模型和 Submarine Laser Communication-Day 模型，简称为 SLC-Day 模型。Hufnagel-valley 白天模型为：

$$C_n^2(h) = 5.94 \times 10^{-53}(\nu/27)2h^2\exp(-h/1000) + 2.7 \times 10^{-16}\exp(-h/1500)$$
$$+ A\exp(-h/100) \tag{4.4}$$

其中，A 和 ν 是自由参量。一般来说，A 的常用值为 $A = 1.7 \times 10^{-14}\mathrm{m}^{-2/3}$，$\nu$ 是高空中的风速，通常用于调整高空中的湍流强度，一般取 $\nu = 21\mathrm{m/s}$。SLC-Day 白天模型为：

$$C_n^2 = \begin{cases} 0, & 0 < h < 19\mathrm{m} \\ 4.008 \times 10^{-13}h^{-1.054}, & 19\mathrm{m} < h < 230\mathrm{m} \\ 1.3 \times 10^{-15}, & 230\mathrm{m} < h < 850\mathrm{m} \\ 6.352 \times 10^{-7}h^{-2.966}, & 850\mathrm{m} < h < 7000\mathrm{m} \\ 6.209 \times 10^{-16}h^{-0.6299}, & 7000\mathrm{m} < h < 20000\mathrm{m} \end{cases} \tag{4.5}$$

常用的夜晚模型有修正 Hufnagel-valley 模型和 Greenwood 模型。修正 Hufnagel-valley 夜晚模型为：

$$C_n^2(h) = 8.16 \times 10^{-54}h^{10}\exp(-h/1000)$$
$$+ 3.02 \times 10^{-17}\exp(-h/1500) + 1.9 \times 10^{-15}\exp(-h/100) \tag{4.6}$$

Greenwood 夜晚模型为：

$$C_n^2(h) = [2.2 \times 10^{-13} \times (h + 10)^{-1.3} + 4.3 \times 10^{-17}] \times \exp(-h/4000) \tag{4.7}$$

根据传输路径不同，湍流大气可以分为水平路径湍流大气和斜程路径湍流大气[246]。由大量实验数据证实，在斜程传输下，随高度变化的 H-V 模型为

$$C_n^2(h\cos\theta) = 0.00594(\nu/27)^2(h\cos\theta \times 10^{-5})^{10}\exp(-h\cos\theta/1000)$$
$$+ 2.7 \times 10^{-16}\exp(-h\cos\theta/1500) + C_n^2(0)\exp(-h\cos\theta/100) \tag{4.8}$$

其中，$C_n^2(0) = 1.7 \times 10^{-14}\mathrm{m}^{-2/3}$ 或 $3 \times 10^{-13}\mathrm{m}^{-2/3}$ 为近地面大气折射率结构常数，θ 为天顶

角，为入射光线与当地天顶方向的夹角，即入射光源与地面法线间的夹角。

4.1.3 折射率功率谱密度

在大气湍流的理论研究中，大气湍流折射率起伏规律即大气折射率功率谱的合理论述是研究的关键，湍流效应的理论模型的建立都直接依赖于大气湍流折射率功率谱。根据各种不同的参数条件，人们对实际大气湍流或实验室模拟湍流的实验测量数据进行统计处理和理论分析，提出了多种大气湍流折射率功率谱函数[155,244,246,247]。

在惯性子区间中，最基本的折射率功率谱密度模型是 Kolmogorov 功率谱密度函数

$$\Phi_n(\kappa) = 0.033C_n^2\kappa^{-11/3} \tag{4.9}$$

式中，κ 为波数，C_n^2 为折射率结构常数。

由于公式（4.9）所表示的谱在原点均有不可积的极点，即当 $\kappa \to 0$ 时，将出现 $\Phi_n(\kappa) \to \infty$，而实际上，由于地球大气中只包含有限的空气，因此随着 $\kappa \to 0$，谱不可能变成任意大。为了克服模型的这一缺点，Tatarskii 通过引入湍流内尺度的影响因子，从而得出了一个在包含耗散区内具有高斯函数形式衰减因子的修正 Kolmogorov 功率谱：

$$\Phi_n(\kappa) = 0.033C_n^2\kappa^{-11/3}\exp(-\kappa^2/k_m^2) \tag{4.10}$$

式中，$k_m = 5.92/l_0$，l_0 为大气湍流的内尺度。

公式（4.10）修正 Kolmogorov 功率谱仅适用描述 C_n^2 与位置无关的无限均匀的湍流规律，常采用一种修正 Von Karman 功率谱，它被广泛用于描述湍流能量输入区域内的功率谱：

$$\Phi_n(\kappa) = 0.033C_n^2\frac{\exp(-\kappa^2/k_m^2)}{(\kappa_0^2 + \kappa^2)^{11/6}} \tag{4.11}$$

式中，$\kappa_0 = 2\pi/L_0$。

Hill 通过动力学分析理论，提出一种更精确的 Hill 功率谱：

$$\Phi_n(\kappa) = 0.033C_n^2\kappa^{-11/3}\{\exp(-1.29\kappa^2l_0^2) + 1.45\exp[-0.97(\ln\kappa l_0 - 0.452)^2]\}$$

$$\tag{4.12}$$

Andrews 提出一种可以用于理论分析并且简单的修正功率谱：

$$\Phi_n(\kappa) = 0.033C_n^2[1 + a_1(\kappa/\kappa_l) - a_2(\kappa/\kappa_l)^{7/6}]\frac{\exp(-\kappa^2/k_m^2)}{(\kappa_0^2 + \kappa^2)^{11/6}} \tag{4.13}$$

其中，$a_1 = 1.802$，$a_2 = 0.254$，$\kappa_l = 3.3/l_0$，$\kappa_0 = 2\pi/L_0$，该功率谱同时也解释了实验测量中出现在耗散区的突变现象。

4.1.4 大气湍流对激光的影响

当激光通过大气湍流之后就会产生光强起伏、光束漂移、光束扩展和到达角起伏等现象，会严重制约近地激光工程领域中的应用，比如激光通信、激光测距、激光探测、光学雷达和激光武器等领域[243,247][246]。下面分别简单介绍几种湍流效应。

1. 光强起伏（或大气闪烁）

其定义为激光传播一定距离后，在探测器平面上光密度在空间和时间上的变化。这种

信号的起伏是由激光在传播时，沿途温度变化而引起大气折射率变化的缘故。一般用光强起伏归一化方差即闪烁指数 σ_I^2（又记作 β^2）来表征光强起伏的强度，即

$$\sigma_I^2 = \frac{\langle I \rangle^2}{\langle I^2 \rangle} - 1 \tag{4.14}$$

式中，I 指光强，角括号 $\langle \rangle$ 表示系综平均。平面波 Rytov 方差为 $\sigma_I^2 = 1.23 C_n^2 k^{7/6} z^{11/6}$，而球面波为 $\sigma_I^2 = 0.5 C_n^2 k^{7/6} z^{11/6}$，平面波的空间相干长度在弱起伏和强起伏的情况下为 $\rho_0 = (1.46 C_n^2 k^2 z)^{-3/5}$，菲涅耳距离 $\sqrt{z/k}$ 只在弱湍流的情况下决定相干长度。

2. 相位起伏

折射率 n 的不均匀性引起的相位延迟为 $\phi = k \int n \mathrm{d}z$。由相位空间结构函数 $D_\phi(r)$ 与空间相关函数 $R_\phi(r)$ 的关系 $D_\phi(r) = 2[R_\phi(0) - R_\phi(r)]$ 得到相位空间结构函数

$$D_\phi(r) = 2.91 k^2 r^{5/3} \int_0^L C_n^2(h) \mathrm{d}h \tag{4.15}$$

上式适用于柯尔莫哥洛夫湍流中传播的平面波前，而当为球面波时为

$$D_\phi(r) = 2.91 k^2 r^{5/3} \int_0^L \left(\frac{L-h}{L} \right)^{5/3} C_n^2(h) \mathrm{d}h = 6.88 \left(\frac{r}{r_0} \right)^{5/3} \tag{4.16}$$

式中，r_0 为弗雷德（Fried）参数，它是由弗雷德（Fried）最先引入的，也被称为大气相干直径。物理上该参数表示光波通过湍流传播的衍射极限。一般表达式为

$$r_0 = \left[0.423 k^2 \sec\theta \int_0^L C_n^2(h) Q(h) \mathrm{d}h \right]^{-3/5} \tag{4.17}$$

与 4.1.2 节中表述一样，θ 表示积分路径与天顶方向的夹角。若为平面波时，$\theta = 0°$，$r_0 = \left[0.423 k^2 \int_0^L C_n^2(h) \mathrm{d}h \right]^{-3/5}$；球面波时，$r_0 = \left[0.423 k^2 \int_0^L C_n^2(h) \left(\frac{L-h}{L} \right)^{5/3} \mathrm{d}h \right]^{-3/5}$。

一般假设大气湍流引起光波复相位起伏 ψ 是高斯随机变量，易证

$$\langle \exp[\psi^*(\boldsymbol{\rho}_1, \boldsymbol{r}_1, z) + \psi(\boldsymbol{\rho}_2, \boldsymbol{r}_2, z)] \rangle = \exp\left[-\frac{1}{2} D_\psi(\boldsymbol{r}_1 - \boldsymbol{r}_2, \boldsymbol{\rho}_1 - \boldsymbol{\rho}_2) \right] \tag{4.18}$$

其中，$D_\psi(\boldsymbol{r}_1 - \boldsymbol{r}_2, \boldsymbol{\rho}_1 - \boldsymbol{\rho}_2)$ 是波结构函数，反映了湍流对传输光波的调制作用，采用 Von-karman 折射率起伏谱和运用相位结构函数的平方近似可得

$$D_\psi(\boldsymbol{r}_1 - \boldsymbol{r}_2, \boldsymbol{\rho}_1 - \boldsymbol{\rho}_2) = 2\tilde{\rho}_0^{-2}[(\boldsymbol{r}_1 - \boldsymbol{r}_2)^2 + (\boldsymbol{\rho}_1 - \boldsymbol{\rho}_2)^2 + (\boldsymbol{r}_1 - \boldsymbol{r}_2)(\boldsymbol{\rho}_1 - \boldsymbol{\rho}_2)]$$
$$\tag{4.19}$$

式中 $\rho_0 = \left[1.45 k^2 \int_0^L C_n^2(h\cos\theta) \left(\frac{L-h}{L} \right) \mathrm{d}h \right]^{-3/5}$ 表示球面波长期相干长度，而包含考虑大气湍流尺度的球面波的长期相干长度为 $\tilde{\rho}_0^2 = \rho_0^2 [1 - 0.715 k_0^{1/3}]^{-1}$。当传输路径水平时 $\rho_0 = \left[1.45 k^2 \int_0^L C_n^2(h) \left(\frac{L-h}{L} \right)^{5/3} \mathrm{d}h \right]^{-5/3} = [0.545 k^2 C_n^2 z]^{-5/3}$。长期相干长度 $\tilde{\rho}_0$ 与大气相干直径 r_0 之间的关系为 $r_0 = 2.1\tilde{\rho}_0$。

具有等相位波前的激光束通过湍流大气时，由于折射率起伏可能导致以下三种相位起伏：第一，波阵面本身无畸变，但因到达接收平面上的时间是随机的，接收信号的相位即

随之出现起伏，这种沿传输方向的相位起伏被称为时间相位起伏；第二，波阵面出现畸变，于是在任何时刻由于波阵面中各光线的传输时间差将导致接收平面上所对应的相位差随机起伏，这种在光束横截面上各点相位差的随机起伏被称为空间相位起伏；第三，当波阵面相对接收平面随机出现一个倾斜角度时，则对于某一时刻的相位将在接收平面内线性地随机起伏，这种波阵面随机倾斜现象被称为到达角起伏。这三种现象在实际中是相互联系的，但是在某些特定的应用方面可能是其中之一起主宰作用。

3. 光斑漂移和光束扩展

大气湍流引起光束扩散和光斑漂移，其中光斑漂移主要起因于大尺度涡旋折射率的作用。如果在接收平面上，取一个足够短的观察时间，可以看到一个直径为 ρ_s 的被加宽了的光斑被折射而偏离了一个距离 ρ_c，如图 4.1（a）所示。如果观察时间足够长，则由于光斑的随机游动，将观察到一个均方直径为 $\langle \rho_L^2 \rangle = \langle \rho_c^2 \rangle + \langle \rho_s^2 \rangle$ 的大光斑，如图 4.1（b）所示。$\langle \rho_s \rangle$ 为短期平均光斑半径，$\langle \rho_L \rangle$ 为长期光斑半径，$\langle \rho_c \rangle$ 为平均束漂移量。"短期"和"长期"的时间判据是 $\Delta t = D/v$，D 是光束直径，v 是横向风速。当观察时间小于 Δt 时，我们得到短期的观察效果，而当观察时间 Δt 大于时，则得到长期观察效果。Δt 的量级在 0.05s 左右。

所谓光束扩展是指接收到的光斑半径或面积的变化，而当谈到湍流大气中传输光束扩展时必须要区分短期和长期光束扩展。一般说来，当光束通过尺度大于光束尺寸的湍流传播时光束将产生偏折，而通过半径较小的湍流时，将产生光束扩展，较小湍流对光束的偏折作用较小。当湍流强度较强时，由于光束破碎成多个子光束，光束抖动不再十分严重。这时接收到的光斑的短曝光图像不再是单个光斑，而是在接收面内随机定位的多个斑点。因此，长曝光像将是模糊了的短曝光像，它们的总直径近似相等。

4.1.5 光波在大气湍流中的传播理论

有许多学者研究光波在大气湍流中的传播理论[244,247,248]。最早研究光波在随机介质中传播规律的方法是几何光学近似法，然而后来经证明应用该方法所获得的规律适用范围有限，究其原因是因为几何光学近似法所获得的结果只在 $k_0 l_0^2$ 量级的传输路径上才成立，其中 k_0 是电磁波数。在 20 世纪 50 年代后期，Tatarskii 把利托夫近似法引入湍流理论中，并获得了很大的成功，至今仍为处理弱起伏条件下电磁波传播的经典理论。当湍流增加，传输距离加大后，会出现一种闪烁饱和效应，此时 Rytov 近似法将不再适用，随后出现的马尔可夫（Markov）近似将弥补这一缺失。马尔可夫近似法是利用求解光场的统计矩方程的方法得出强湍流下的电磁波闪烁强度的渐进解。目前，针对在中等强度的湍流大气中的电磁波传播问题，仍然没有很好的处理方法，一般以数值模拟为主要研究手段。

饶瑞中在其著作中把电磁波在随机介质中传播的处理方法分为四类[248]，分别是：

（1）对辐射场及随机介质中的介电常数采用某种微扰近似，以求解随机介质中的波动方程，从而获得辐射场的分布情况，该类方法包括几何光学近似法、Rytov 近似法等；

（2）对随机介质中介电常数的统计特性作某种假定，建立辐射场的统计矩方程，最后直接求解这些统计矩得到电磁波的渐进解，该类方法包括 Markov 近似法；

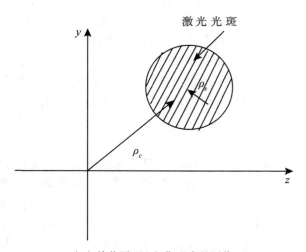

（a）接收平面上短期观察的图像

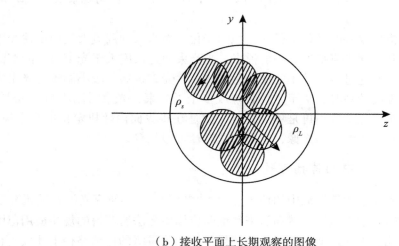

（b）接收平面上长期观察的图像

图 4.1　光束漂移情况

　　（3）把传播路径上的湍流介质用一系列等间距的随机相位屏来等效，通过数值方法来求解传播方程或场的统计矩方程，该类方法包括相位屏法；

　　（4）考虑多次散射，建立严格的电磁波传播方程并求得辐射场的形式解，该类方法包括 Fcynman 图解法。

　　目前有关电磁波在随机介质中传播的研究理论主要是前三种方法。第四种方法主要是用来验证辐射场或其统计矩方程的各种渐进解析解。本章接下来会采用 Rytov 近似法来研究弱湍流大气对涡旋光束的影响，而在下一章会利用相位屏法来模拟涡旋光束在中等强度湍流大气中的传输特性。

4.1.6 涡旋光束在湍流大气中传输的研究方法

涡旋光束在湍流大气中传输的研究要面临很多困难。首先，在随机介质中光束的传播理论非常繁杂；其次，湍流大气统计学特性是复杂而随机性的；最后，涡旋光束在大气湍流中传输的实验条件十分复杂，且许多因素不可控制，往往得不到与理论值相符合的实验结果。因此，在研究涡旋光束在大气湍流中的传输特性时往往采用三种方法：理论分析法、数值模拟法、实验研究法。

1. 理论分析法

由上一节可知，对光束在大气湍流中传输的研究的理论分析，目前主要有几何光学法、Rytov 微扰法、统计矩直接求解这三种方法。这三种方法可适用于弱湍流和强湍流的理论分析结果，对于光束在中等强度的湍流大气的传输并不适用。前两种方法主要用来解析涡旋光束在大气湍流中的传输结果，最后一种方法常用来得到统计矩阵和辐射场矩阵的解析表达式。理论分析法常常用于早期的光学研究中，虽然也取得了重大的研究成果，但有条件限制，所以发展得比较慢。

2. 数值模拟法

因为理论分析法不仅在光学大气的研究中有条件限制，还发展缓慢，越来越多的实验开始用数值模拟法来研究涡旋光在大气湍流中传输。数值模拟法的优点有可以控制参数来进行其他数值的模拟，可以验证实际的实验结果与理论分析得到的结果以及可以同时进行多组数据的研究分析以产生多组实验数据，因此数值模拟法的发展非常迅速。

3. 实验研究法

光学的大气传输是属于实验性的，任何理论都要通过实验的方法才能得到真实的结果。大气湍流是随机且复杂的，涡旋光束在湍流大气中传输的研究最终还需要实验来验证结果。随着实验方法、实验器材等各方面的实验条件逐渐变得越来越完善，光学大气的相关理论验证的结果也逐渐精确，关于光学大气的实验研究越来越深入。

4.2 弱湍流

4.2.1 拉盖尔-高斯光束在弱湍流大气中的传输

已经有研究人员研究了不同类型的涡旋光束在自由空间中的传输特性[249-251]，一些研究给出了涡旋光束经过不同光学系统时的传输情况[187,252,253]，还有一些相关研究成果[254-256]都有助于涡旋光束及其传输特性的研究。然而，在实际应用中，大气湍流会引起光波强度的波动，误码率的增加和通信系统信道容量的降低[7,147,257]。因此掌握具有轨道角动量的光束在湍流大气中的传输特性对大容量光通信的研究具有重要意义。目前，已有一些关于大气湍流对涡旋光束影响的相关报道[161,166]，然而，它们都只是从仿真角度进行模拟，没有得到表达式。虽然也有一些论文得到了涡旋光束经大气湍流传输的强度的表达式[258,259]。但是，当涡旋光束应用于通信上时，重要的是其轨道角动量特性。

引入螺旋谱概念可以更好地阐明 OAM 态的含量[11,260-265]。当用涡旋光束照亮目标后，其反射或透射光束将具有与目标相对应的独特螺旋谱分布，该特性可用于遥感领域。然而，涡旋光束在空间传播时，不可避免地会受到大气湍流的影响。大气湍流会导致输入模式功率扩展到相邻的 OAM 模式，也就是涡旋光束的螺旋谱，从而限制了这些基于涡旋波束的通信和遥感系统的误码率（BER）和信道容量[11,163,266]，故而了解涡旋光束在湍流大气中的螺旋谱特性对优化通信和遥感系统具有重要意义。

本章主要从理论上研究涡旋光束在大气湍流作用时的轨道角动量特性。在利托夫近似下，得到涡旋光束在弱湍流大气中的螺旋谱特性。最后利用仿真得到的结论推导出螺旋谱的解析表达式。所得研究成果对基于光束轨道角动量编码的通信系统的应用具有参考价值。

1. 理论分析

本章以拉盖尔-高斯光束为研究对象，在 2.1 节中描述的是波束在自由空间下的衍射特性，没有考虑大气湍流的影响。本节假设波束的发射点在 $z = 0$ 处，且波束的光腰也位于 $z = 0$，则发射波束的表达式为

$$u_0(r, \varphi, 0) = A\exp\left[-\left(\frac{r}{w_0}\right)^2\right]\left[\frac{\sqrt{2}r}{w_0}\right]^s \exp(is\varphi) \tag{4.20}$$

由湍流理论可知，在利托夫近似下，湍流相位波动引起的光强波动或闪烁相当小以至可以忽略，则穿过弱湍流大气在距离 z 处的接收孔径接收到的光场可以表示为[147,267]

$$u(r, \theta, z) = W\left(\frac{r}{R}\right)u_0(r, \theta, z)\exp[\psi(r, \theta, z)] \tag{4.21}$$

其中，还考虑了在接收处有限孔径的作用，$W(x) = \begin{cases} 1, & x \leqslant 1 \\ 0, & x > 1 \end{cases}$，$x \geqslant 0$，$R$ 为接收孔径的半径，$\psi(r, \theta, z)$ 为大气湍流引起光束的变化。

于是，根据螺旋谱的定义式（1.20）（1.2.4 中已述）可以得到

$$\begin{aligned}
|a_m(r,z)|^2 &= \frac{1}{\sqrt{2\pi}}\int_0^{2\pi} u(\rho,\theta,z)\exp(-im\theta)\mathrm{d}\theta \times \left[\frac{1}{\sqrt{2\pi}}\int_0^{2\pi} u(\rho,\theta,z)\exp(-im\theta)\mathrm{d}\theta\right]^* \\
&= \frac{1}{2\pi}\int_0^{2\pi}\int_0^{2\pi} u(r,\theta_1,z)\exp(-im\theta_1)u^*(r,\theta_2,z)\exp(-im\theta_2)\mathrm{d}\theta_1\mathrm{d}\theta_2 \\
&= \frac{1}{2\pi}\int_0^{2\pi}\int_0^{2\pi} u(\rho,\theta_1,z)u^*(\rho,\theta_2,z)\exp[-im(\theta_1-\theta_2)]\mathrm{d}\theta_1\mathrm{d}\theta_2 \\
&= \frac{A^2}{2\pi}\frac{w_0^2}{w^2(z)}W\left(\frac{r}{R}\right)\left[\frac{2r^2}{w^2(z)}\right]^s\left\{L_p^s\left[\frac{2r^2}{w^2(z)}\right]\right\}^2\exp\left[\frac{-2r^2}{w^2(z)}\right] \\
&\quad \left\langle\times\int_0^{2\pi}\int_0^{2\pi}\exp[\psi(r,\theta_1,z)+\psi^*(r,\theta_2,z)]\right\rangle \times \exp[i(s-m)(\theta_1-\theta_2)]\mathrm{d}\theta_1\mathrm{d}\theta_2
\end{aligned}$$

$$\tag{4.22}$$

其中,

$$\langle \exp[\psi(\boldsymbol{r}_1,z) + \psi^*(\boldsymbol{r}_2,z)] \rangle = \exp\left[-\frac{1}{2}D_\psi(\boldsymbol{r}_1 - \boldsymbol{r}_2)\right] = \exp\left[-\frac{(\boldsymbol{r}_1 - \boldsymbol{r}_2)^2}{\rho_0^2}\right]$$

(4.23)

式中,$\langle \rangle$ 为系综平均,是因为大气扰动为随机的,需要求平均,D_ψ 为相位结构函数,$\rho_0 = (0.545C_n^2k^2z)^{-3/5}$ 为球面波在湍流介质中传输时的相干长度,C_n^2 为折射率结构常数,表征湍流的强弱,因为研究的是水平传输路径的光束传输特性,因此近似地认为 C_n^2 为常数,与高度无关。这里利托夫相位结构函数采用了二次方近似[152]。

利用贝塞尔函数的性质 $\exp(x\cos\theta) = \sum\limits_{l=-\infty}^{\infty} I_l(x)\mathrm{e}^{il\theta}$ [223],可以得到

$$\int_0^{2\pi}\int_0^{2\pi}\langle \exp[\psi(r, \theta_1, z) + \psi^*(r, \theta_2, z)] \rangle \exp[i(s-m)(\theta_1-\theta_2)]\mathrm{d}\theta_1\mathrm{d}\theta_2$$

$$= \int_0^{2\pi}\int_0^{2\pi}\exp\left[-\frac{(\boldsymbol{r}_1-\boldsymbol{r}_2)^2}{\rho_0^2}\right]\exp[i(s-m)(\theta_1-\theta_2)]\mathrm{d}\theta_1\mathrm{d}\theta_2$$

$$= \exp\left[-\frac{r^2}{\rho_0^2}\right]\int_0^{2\pi}\int_0^{2\pi}\exp\left[\frac{2r^2\cos(\theta_1-\theta_2)}{\rho_0^2}\right]\exp[i(s-m)(\theta_1-\theta_2)]\mathrm{d}\theta_1\mathrm{d}\theta_2$$

$$= \exp\left[-\frac{r^2}{\rho_0^2}\right]\sum_{l=-\infty}^{\infty}i^l I_l\left(\frac{2r^2}{\rho_0^2}\right)\int_0^{2\pi}\int_0^{2\pi}\exp[il(\theta_1-\theta_2) + i(s-m)(\theta_1-\theta_2)]\mathrm{d}\theta_1\mathrm{d}\theta_2$$

(4.24)

而且再由

$$\int_0^{2\pi}\exp(im\varphi)\mathrm{d}\varphi = \begin{cases} 2\pi & (m=0) \\ 0 & (m \neq 0) \end{cases}$$

(4.25)

上式 (4.25) 的积分式为

$$\int_0^{2\pi}\int_0^{2\pi}\exp[il(\theta_1-\theta_2) + i(s-m)(\theta_1-\theta_2)]\mathrm{d}\theta_1\mathrm{d}\theta_2 = 4\pi^2$$

(4.26)

则最终得到

$$|a_m(r, z)|^2 = \frac{2\pi A^2}{\sqrt{1+(z/z_0)^2}}W\left(\frac{r}{R}\right)\left[\frac{2r^2}{w^2(z)}\right]^s\left\{L_p^s\left[\frac{2r^2}{w^2(z)}\right]\right\}^2$$

$$\times \exp\left[\frac{-2r^2}{w^2(z)} - \frac{2r^2}{\rho_0^2}\right]I_{m-s}\left(\frac{2r^2}{\rho_0^2}\right)$$

(4.27)

其中,I_{m-s} 为 $m-s$ 阶修正贝塞尔函数。则螺旋谱的积分表达式为

$$P_m = \frac{C_m}{\sum\limits_{q=-\infty}^{\infty}C_q}$$

(4.28)

其中,$C_m = \frac{2\pi A^2 w_0^2}{w^2(z)}\int_0^R\left[\frac{2r^2}{w^2(z)}\right]^s\left\{L_p^s\left[\frac{2r^2}{w^2(z)}\right]\right\}^2\exp\left[\frac{-2r^2}{w^2(z)} - \frac{2r^2}{\rho_0^2}\right]I_{m-s}\left(\frac{2r^2}{\rho_0^2}\right)r\mathrm{d}r$。

2. 仿真分析

按照上述表达式，取各参数值如下：$C_n^2 = 6 \times 10^{-17} \mathrm{m}^{-2/3}$，$\lambda = 0.632 \mathrm{nm}$，$s = 1$，$p = 0$，$R = 5 \mathrm{cm}$，$w_0 = 2 \mathrm{cm}$。因为 s 为负时只是改变螺旋相位面的旋转方向，不影响螺旋谱的性质，所以本节取 $s > 0$。仿真得出在弱湍流大气中传输的拉盖尔-高斯光束的螺旋谱会发生弥散，如图 4.2（a）所示。在弱湍流大气中传输的拉盖尔-高斯光束的螺旋谱各分量随距离 z 的变化，如图 4.2（b）所示。可以看出，由于湍流的影响，使得光束的螺旋谱发生弥散，而且，随着距离的增大，光束 s 分量的损耗增大，螺旋谱弥散现象越明显，逐渐趋于均匀分布。注意到螺旋谱始终关于 $m = s$ 分量对称分布。

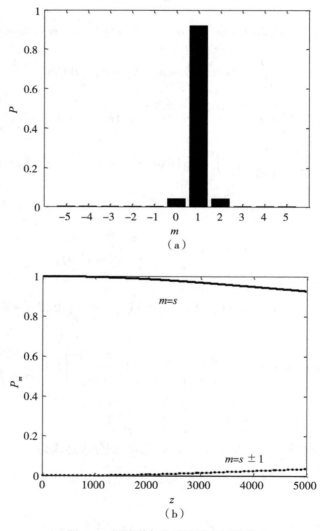

（a）

（b）

图 4.2　螺旋谱各分量随距离的变化

图 4.3 所示为不同参数（波长 λ，折射率结构函数 C_n^2，接收孔径半径 R，拓扑荷 s）下，无量纲方差 V 随距离 z 的变化。可以看出 V 与 z 呈 3 次函数关系。其中，参数取值与图 4.2 螺旋谱相同（三角形表示）的拟合式为 $V = 6.649 \times 10^{-18} z^3 - 1.0337 \times 10^{-13} z^2 + 6.9336 \times 10^{-10} z$。由图可知，波长 λ 的减小，折射率结构函数 C_n^2、接收孔径半径 R 以及拓扑荷 s 的增加都会引起 V 增加，即受湍流的影响越大。文献[147]得到结论：相位波动与 r/r_0（光束半径和 fried 参数之比）的大小有关，当 r/r_0 值小时，相位波动很小，且随着 r/r_0 的增加，相位波动增加，因此光功率越往轴心集中，光束受到的影响较小。由此解释了接收孔径 R 越大，光束受到的干扰越大。而 λ 的减小，C_n^2 和距离 z 的增加会引起 V 增加，这是因为三者都会引起 r_0 的减小，因此光束受到的相位波动增加，对光束螺旋谱的影响越大。拓扑荷 s 增加，集中在光轴的功率越少，因此光束受湍流影响越大。

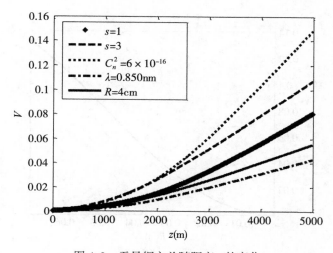

图 4.3　无量纲方差随距离 z 的变化

图 4.4 所示分别为当 $z = 5\text{km}$ 时，V 随 s，R 和 C_n^2 的变化曲线。V 与 C_n^2 和 R 的关系为四次函数，拟合式分别为 $V = 3.1712 \times 10^{62} (C_n^2)^4 - 8.9118 \times 10^{46} (C_n^2)^3 + 1.1546 \times 10^{31} (C_n^2)^2 + 9.1668 \times 10^{14} C_n^2 - 0.0007$ 和 $V = -2811.5814 z^4 - 20.6897 z^3 + 42.736 z^2 - 0.0243 z + 0.0001$。而 V 和 s 的关系拟合式为最高阶次为 11 的多项式 $V = 1.1584 \times 10^{-17} s^{11} - 4.1707 \times 10^{-15} s^{10} + 6.5919 \times 10^{-13} s^9 - 6.0154 \times 10^{-11} s^8 - 0.0001 s^4 + 0.0008 s^3 - 0.006 s^2 + 0.0295 s + 0.0567$。即使改变其他参数的值，$V$ 值与各参数间的二次函数和 11 次函数的关系不变，只是多项式的系数有所不同。本节在计算时 m 取值足够大，引起的计算误差非常小。

另外经研究发现径向指数 p 和光束束腰半径 w_0 的改变几乎不影响螺旋谱的分布。于是可以在式中取 $p = 0$，则 $L_p^s(2r^2/w^2) = 1$。然后把修正贝塞尔函数以级数形式表示 $I_v(x) = \sum_{n=0}^{\infty} (x/2)^{v+2n}/n! \, (v+n)!$，可得

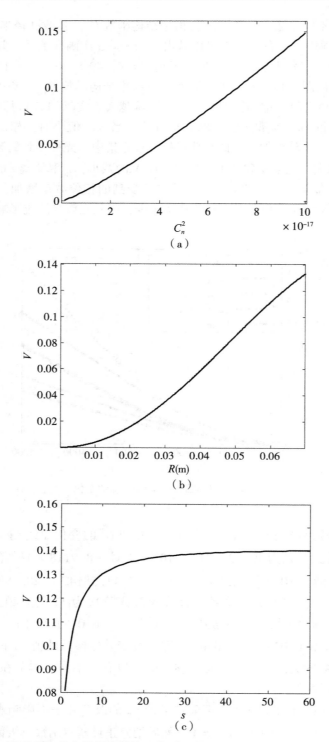

图 4.4　无量纲方差与折射率结构函数 C_n^2、接收孔径半径 R、拓扑荷 s 的关系

$$C_m = \frac{2\pi A^2 w_0^2}{w^2(z)} \int_0^R \left[\frac{2r^2}{w^2(z)}\right]^s \exp\left[\frac{-2r^2}{w^2(z)} - \frac{2r^2}{\rho_0^2}\right] I_{m-s}\left(\frac{2r^2}{\rho_0^2}\right) r\mathrm{d}r$$

$$= \frac{2\pi A^2 w_0^2}{w^2(z)} \sum_{n=0}^{\infty} \frac{1}{n!\ (s-m+n)!} \int_0^R \left(\frac{r^2}{\rho_0^2}\right)^{m-s+2n} \left[\frac{2r^2}{w^2(z)}\right]^s \exp\left[\frac{-2r^2}{w^2(z)} - \frac{2r^2}{\rho_0^2}\right] r\mathrm{d}r$$

$$(4.29)$$

利用指数的积分式公式[223]

$$\int_0^u x^n \mathrm{e}^{-\mu x}\mathrm{d}x = \mu^{-n-1}\gamma(n+1,\mu u),\quad u>0,\ \mathrm{Re}\mu>0,\ n=0,1,2,\cdots \quad (4.30)$$

得出结果并化简得到

$$C_m' = \frac{A^2 w_0^2 2^s r_0^{2(s+1)}}{w^{2(s+1)}(z)} \sum_{n=0}^{\infty} \frac{\gamma\left(m+2n+1, \frac{2R^2}{w^2(z)} + \frac{2R^2}{\rho_0^2}\right)}{n!\ (m+n-s)! \left[2 + \frac{2\rho_0^2}{w^2(z)}\right]^{m+2n+1}},\quad m=0,1,2,\cdots$$

$$(4.31)$$

根据螺旋谱始终关于 $m=s$ 分量对称，而且 $s>0$，可以得到螺旋谱

$$P_m = \frac{C_m}{\sum\limits_{q=-\infty}^{\infty} C_q} \quad (4.32)$$

其中，$C_m = \begin{cases} C_{2s-m}' & m<s \\ C_m' & m \geqslant s \end{cases}$，$\gamma$ 为不完全 Γ 函数。而且经过仿真得知，本章得出的结果即螺旋谱随各参数的变化特性在中等湍流介质中也一致。

3. 结论

本章节主要研究了在利托夫近似下，拉盖尔-高斯光束在弱湍流大气中的螺旋谱特性。经过仿真分析得到以下结论：第一，大气湍流会使螺旋谱发生弥散，而且，随着距离越大，弥散越强，逐渐趋于均匀分布。第二，波长的减小，拓扑荷、接收孔径半径和折射率结构函数的增加会引起螺旋谱弥散加剧。第三，描述螺旋谱弥散程度的无量纲方差 V 随距离呈三次函数关系；与接收孔径半径及折射率结构函数呈四次函数关系；而与拓扑荷呈 11 次函数关系。第四，径向指数和束腰半径对螺旋谱的影响非常小，根据此结论推出了光束螺旋谱的解析表达式。

4.2.2 反常涡旋光束在弱湍流大气中的传输

由 1.1.3 节中可知，对于反常涡旋光束主要研究的是其在近轴区域或非局部介质中传播时的辐射力、强度或相位[60-62,268-273]。然而，反常涡旋光束在湍流大气中传播的螺旋谱尚未报道。本节研究了弱湍流大气中反常涡旋光束传播的螺旋谱。

首先利用惠更斯-菲涅耳积分式和利托夫近似推导了反常涡旋光束的螺旋谱的积分表达式，并由此推导了其解析表达式。其次通过数值模拟对比分析了大气湍流对反常涡旋光

束和拉盖尔-高斯光束的螺旋谱分布的影响。最后仿真计算了反常涡旋光束的螺旋谱特性随光束阶数、波长、拓扑荷、传输距离、折射率结构常数及接收孔径的变化情况。

1. 理论推导

反常涡旋光束在源平面 $z = 0$ 处的光场表达式为[274]

$$E(\rho, \varphi, 0) = C_0 \exp\left[-\left(\frac{\rho}{w_0}\right)^2\right]\left[\frac{\rho}{w_0}\right]^{2n+|m|} \exp(-im\varphi) \tag{4.33}$$

其中，C_0 为常数，n 为反常涡旋光束的阶数，m 为拓扑荷，w_0 为束腰半径。

根据惠更斯-菲涅耳积分可以推出反常涡旋光束在接收平面 z 处的光场表达式为[274]

$$
\begin{aligned}
u_0(r, \theta, z) &= u_0(r, z)\exp(-im\theta) \\
&= \frac{i^{m+1}\pi C_0 n!}{\lambda z w_0^{2n+|m|}}\exp\left(-\frac{ikr^2}{2z} - ikz\right)\exp(-im\theta)\left(\frac{kr}{2z}\right)^{|m|} g^{-n-|m|-1} \\
&\quad \times \exp\left(-\frac{k^2r^2}{4gz^2}\right)L_n^{|m|}\left(\frac{k^2r^2}{4gz^2}\right)
\end{aligned}
\tag{4.34}
$$

式中，$g = \frac{1}{w_0^2} + \frac{ik}{2z}$，$\lambda$ 为波长，k 为波数。为了计算方便又不失一般性，式 (4.34) 中取 $m > 0$，当 $m < 0$ 时，式 (4.34) 应该再乘上 $(-1)^m$。

在利托夫近似下，反常涡旋光束经过弱强度湍流大气后，其光场可表示为[261,262]

$$u(r, \theta, z) = u_0(r, \theta, z)\exp[\psi(r, \theta, z)] \tag{4.35}$$

其中，$\psi(r, \theta, z)$ 是大气湍流引起光波的复相位起伏。

光束受到干扰后，其轨道角动量就不再为其最初的一个本征态，而是会弥散到多个相邻的轨道角动量态，将光场分布按螺旋谱谐波展开可以得到[22,261]

$$u(r, \theta, z) = \frac{1}{\sqrt{2\pi}}\sum_{s=-\infty}^{\infty} a_s(r, z)\exp(-is\theta) \tag{4.36}$$

式中，

$$a_s(r, z) = \frac{1}{\sqrt{2\pi}}\int_0^{2\pi} u(r, \theta, z)\exp(-is\theta)\,\mathrm{d}\theta. \tag{4.37}$$

则螺旋谱为 $P_s = \dfrac{C_s}{\displaystyle\sum_{q=-\infty}^{\infty} C_q}$，其中，$C_s = \displaystyle\int_0^\infty |a_s(r, z)|^2 r\mathrm{d}r$ 表示各模态的能量值。

将式 (4.35) 代入式 (4.37) 可得

$$
\begin{aligned}
\langle |a_s(r, z)|^2\rangle &= \frac{1}{2\pi}\int_0^{2\pi}\int_0^{2\pi} u(r, \theta_1, z)\exp(is\theta_1)u^*(r, \theta_2, z)\exp(-is\theta_2)\,\mathrm{d}\theta_1\mathrm{d}\theta_2 \\
&= \frac{1}{2\pi}u_0(r, z)u_0^*(r, z)\int_0^{2\pi}\int_0^{2\pi}\langle\exp[\psi(r, \theta_1, z) + \psi^*(r, \theta_2, z)]\rangle \\
&\quad \times \exp[i(s-m)(\theta_1 - \theta_2)]\,\mathrm{d}\theta_1\mathrm{d}\theta_2
\end{aligned}
\tag{4.38}
$$

其中[152],

$$\langle \exp[\psi(\boldsymbol{r}_1,\ z) + \psi^*(\boldsymbol{r}_2,\ z)]\rangle = \exp\left[-\frac{1}{2}D_\psi(\boldsymbol{r}_1 - \boldsymbol{r}_2)\right] = \exp\left[-\frac{(\boldsymbol{r}_1 - \boldsymbol{r}_2)^2}{\rho_0^2}\right],$$

(4.39)

其中，D_Ψ 表示相位结构函数，$\rho_0 = (0.545C_n^2 k^2 z)^{-3/5}$ 是球面波在湍流大气中的相干长度，C_n^2 为折射率结构常数[275,276]. 从式 (4.39) 可以看出 C_n^2、k 或 z 越大，波动越强。

将式 (4.34) 和式 (4.39) 代入式 (4.38)，可以推出

$$\langle |a_s(r,\ z)|^2 \rangle = 2\pi \left(\frac{\pi C_0 n!}{\lambda z w_0^{2n+|m|}}\right)^2 \left(\frac{kr}{2z}\right)^{2|m|} |g|^{-n-|m|-1} \exp\left(-\frac{2r^2}{\rho_0^2}\right)$$
$$\times \exp\left[-\frac{2r^2}{w_0^2[1+(z/z_0)^2]}\right] L_n^{|m|}\left(\frac{k^2 r^2}{4gz^2}\right) L_n^{|m|}\left(\frac{k^2 r^2}{4g^* z^2}\right) I_{m-s}\left(\frac{2r^2}{\rho_0^2}\right),$$

(4.40)

其中，$z_0 = k w_0^2/2$ 为瑞利距离，L_n^m 为一般拉盖尔多项式，I_t 为 t 阶修正贝塞尔函数。在推导中采用了下式[231,274]

$$\int_0^{2\pi} \exp[-il\theta_1 + x\cos(\theta_1 - \theta_2)]\mathrm{d}\theta_1 = 2\pi\exp(-il\theta_2)I_l(x)$$

(4.41)

则反常涡旋光束经过弱强度大气湍流后的螺旋谱的表达式为[22]

$$P_s = \frac{C_s}{\displaystyle\sum_{s=-\infty}^{\infty} C_s}$$

(4.42)

其中，

$$C_s = 2\pi \left(\frac{\pi C_0 n!}{\lambda z w_0^{2n+|m|}}\right)^2 \int_0^R \left(\frac{kr}{2z}\right)^{2|m|} |g|^{-n-|m|-1} \exp\left(-\frac{2r^2}{\rho_0^2}\right)$$
$$\times \exp\left[-\frac{2r^2}{w_0^2[1+(z/z_0)^2]}\right] L_n^{|m|}\left(\frac{k^2 r^2}{4gz^2}\right) L_n^{|m|}\left(\frac{k^2 r^2}{4g^* z^2}\right) I_{m-s}\left(\frac{2r^2}{\rho_0^2}\right) r\mathrm{d}r$$

(4.43)

理论上，式 (4.43) 积分域的上限应是 ∞，然而实际上没有那么大的接收孔径，故而修改为接收孔径的半径 R。

利用下列公式[231]

$$L_n^m(x) = \sum_{p=0}^n (-1)^p \binom{n+m}{n-p} \frac{x^p}{p!}$$

(4.44)

$$\int_0^\infty e^{-\alpha x} J_\nu(bx) x^{\mu-1}\mathrm{d}x = \frac{\left(\frac{b}{2}\right)^\nu \Gamma(\nu+\mu)}{\sqrt{(\alpha^2+b^2)^{\nu+\mu}}\,\Gamma(\nu+1)} F\left(\frac{\nu+\mu}{2},\ \frac{1-\mu+\nu}{2};\ \nu+1;\ \frac{b^2}{\alpha^2+b^2}\right)$$
$$[\mathrm{Re}(\nu+\mu) > 0,\ \mathrm{Re}(\alpha+ib) > 0,\ \mathrm{Re}(\alpha-ib) > 0]$$

(4.45)

$$I_n(z) = i^{-n} J_n(iz)$$

(4.46)

式 (4.43) 的解析表达式为

$$C_s = \pi \left(\frac{\pi C_0 n!}{\lambda z w_0^{2n+|m|}}\right)^2 \left(\frac{k}{2z}\right)^{2|m|} |g|^{-n-|m|-1} \sum_{p=0}^{n} \sum_{q=0}^{n} (-1)^{p+q} \binom{n+m}{n-p}\binom{n+m}{n-q} \frac{\left(\frac{k}{2z}\right)^{2p+2q}\left(\frac{1}{g}\right)^p\left(\frac{1}{g^*}\right)^q}{p!\,q!}$$

$$\times \frac{\left(\frac{1}{\rho_0^2}\right)^{m-s} \Gamma(p+q+1+m+|m|-s)}{\sqrt{\left(\left[\frac{2}{\rho_0^2}+\frac{2}{w_0^2[1+(z/z_0)^2]}\right]^2+\left(\frac{i2}{\rho_0^2}\right)^2\right)^{(p+q+1+m+|m|-s)}} \Gamma(m-s+1)}$$

$$\times F\left(\frac{p+q+1+m+|m|-s}{2}, \frac{m-|m|-p-q-s}{2}; m-s+1;\right.$$

$$\left.\frac{\left(\frac{i2}{\rho_0^2}\right)^2}{\left[\frac{2}{\rho_0^2}+\frac{2}{w_0^2[1+(z/z_0)^2]}\right]^2+\left(\frac{i2}{\rho_0^2}\right)^2}\right)$$

$$(4.47)$$

式中，$F(a, b; c; d)$ 是超几何函数。

当采用反常涡旋光束进行无线通信时，可以计算出通信系统的信道容量为[159,277,278]

$$C = \log_2 N + \frac{1}{N}\sum_m \sum_s P(s\mid m)\log_2 \frac{P(s\mid m)}{\sum_m P(s\mid m)} \qquad (4.48)$$

式中，N 是总的发送的拓扑荷数量，$P(s|m)$ 是式（4.42）中的 P_s，为发送的拓扑荷为 m 时，接收拓扑荷为 s 的概率。由此式可以看出信道容量随着螺旋谱的弥散而减小。

2. 数值仿真和分析

根据式（4.43）、式（4.44）和式（4.48）进行数值模拟，便仿真出反常涡旋光束在大气湍流中的传输特性，同时还将模拟结果与拉盖尔-高斯光束（Laguerre-Gaussian beam，LGB）进行比较[266]。所用参数值与 Ref.[266] 相同，主要的参数取值为 $\lambda = 632\text{nm}$，$w_0 = 1\text{cm}$，$m = 1$，$n = 1$，$z = 10z_0$。

图 4.5 分别显示了 $C_n^2 = 1 \times 10^{-16}\text{m}^{-2/3}$ 和 $C_n^2 = 1 \times 10^{-17}\text{m}^{-2/3}$ 时反常涡旋光束和拉盖尔-高斯光束的螺旋谱分布。可以看出 $m = 1$ 模式的输入功率经过大气湍流后弥散到相邻的 OAM 模式。而且折射率结构常数 C_n^2 越大，扩散越严重。值得注意的是，拉盖尔-高斯光束的螺旋谱比反常涡旋光束的传播更严重，这说明与拉盖尔-高斯光束相比，反常涡旋光束的螺旋谱受湍流的影响较小。这可能是因为拉盖尔-高斯光束的相邻 m 值的功率比大于反常涡旋光束的功率比。以 $n=0$ 为例，相邻 m 值的拉盖尔-高斯光束的功率比为

$\sqrt{2}\,\dfrac{r}{w}$（即 $\dfrac{I_{\text{LGB}}^{m+1}+I_{\text{LGB}}^{m-1}}{I_{\text{LGB}}^m} = \left(\sqrt{2}+\dfrac{1}{\sqrt{2}}\right)\dfrac{r}{w} \approx 2.12\,\dfrac{r}{w}$），而反常涡旋光束的功率比为 $\dfrac{r}{w}$

（即 $\dfrac{I_{\text{AVB}}^{m+1}+I_{\text{AVB}}^{m-1}}{I_{\text{AVB}}^m} = 2\,\dfrac{r}{w}$）。当输入模式功率扩展到相邻的 OAM 模式时，拉盖尔-高斯光束将

比反常涡旋光束损失更多功率。根据公式（4.48），螺旋谱弥散越严重，信道容量越小。因此，从图 4.6 可以看出，使用反常涡旋光束的光链路的容量大于使用拉盖尔-高斯光束的光链路。结果表明在利用涡旋光束的 OAM 进行信息传输时，反常涡旋光束比拉盖尔-高斯光束更具有优势。

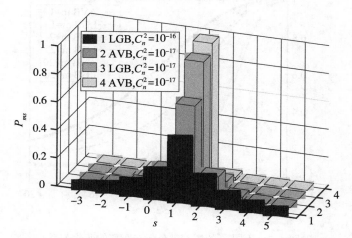

图 4.5 不同 C_n^2 时 AVBs 和 LGBs 的螺旋谱分布

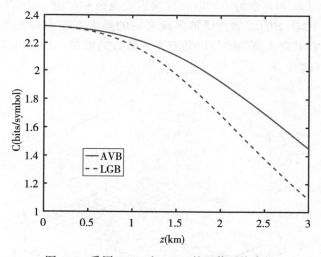

图 4.6 采用 AVBs 和 LGBs 的通信系统容量

图 4.7 绘制的是在不同输入拓扑电荷值 m 时，反常涡旋光束和拉盖尔-高斯光束接收到的 OAM 态为 m 的功率值与距离之间的变化关系。由图 4.7 可知，螺旋谱随着距离 z 和拓扑电荷 m 的增加而显著弥散。而且，拉盖尔-高斯光束的弥散程度大于反常涡旋光束。此外，因为 m 数越大，螺旋谱的范围就越大，而对于给定的接收孔径时，便可能无法接收到较大 OAM 态的能量，也就是说，接收功率随着 m 的增加而下降。然而，当 m 进一步

增大时，最大 OAM 模式下的接收信号功率受孔径半径的限制，对于固定的接收孔径，拓扑电荷对接收功率的影响可以忽略[11]。换言之，大气湍流对大 m 的反常涡旋光束或拉盖尔-高斯光束螺旋谱的影响趋于稳定，如图 4.7 所示，直线和圆几乎重合。

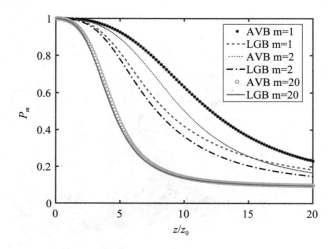

图 4.7　不同 m 的螺旋谱分量与距离的变化关系

图 4.8 所示为当 m 和 n 取值不同时，反常涡旋光束和拉盖尔-高斯光束接收到的 OAM 态为 m 的功率值。随着 n 的增加，反常涡旋光束的最大强度也即接收功率增加。图 4.8 说明湍流大气中反常涡旋光束的螺旋谱随着光束阶数的增加和拓扑电荷的减小而出现弥散程度更小的情况。

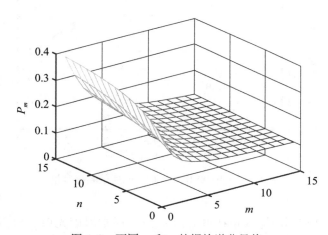

图 4.8　不同 m 和 n 的螺旋谱分量值

图 4.9 显示了反常涡旋光束接收的 $m = 1$ 的 OAM 状态的权重随波长 λ 的变化关系。很明显，在大气湍流中，波长越长，螺旋谱的弥散越小。正如式（4.39）所示，长波长

对应于小波数，这使得干扰较弱，因此螺旋谱的弥散更小。验证了利用波长更长的毫米波反常涡旋光束可以减小大气湍流的影响。

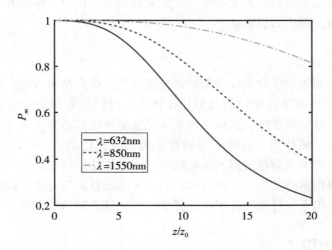

图 4.9　螺旋谱分量随波长的变化关系

图 4.10 表示分别利用式（4.43）和式（4.47）计算的反常涡旋光束的螺旋谱。由于实际接收器孔径不能达到无穷大，在积分公式（4.43）的模拟中，积分上限分别设置为 $100w_0$ 和 $3w_0$ 的有限值。在解析式（4.47）的模拟中积分上限为 ∞。因此，解析式（4.47）中的接收器孔径 R 的半径大于积分式（4.43）中的半径。根据参考文献 [11，147，266]，接收孔径半径越大，接收功率越低，因此螺旋谱的弥散越严重。这是因为随着孔径半径的增加，等式（4.42）的分母增加得比分子快。因此，我们可以从图 4.10 中看到，随着接收器孔径的增加，螺旋谱弥散更加严重。该结论与参考文献[265]中

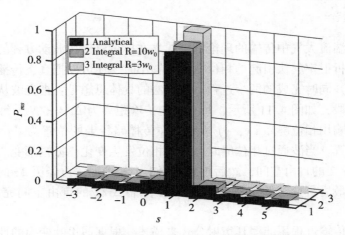

图 4.10　采用积分式与解析式计算的螺旋谱分布

图 8（b）得出的结论一致。在实际应用中，接收器孔径不应选择太小，因为接收涡旋光束需要非常严格的中心对准。而如果孔径太小，又会增加对准的难度，也会导致螺旋谱的弥散。因此，在保证反常涡旋光束与中心对准的前提下，可以在通信和遥感系统中使用小的接收孔径，以减少湍流的影响。

3. 结论

本节研究了弱湍流中反常涡旋光束的螺旋谱特性。研究结果表明：反常涡旋光束受湍流的影响小于拉盖尔-高斯光束，而且拓扑荷越小，两种光束相差程度更大。因此，在运用涡旋光束的无线通信系统中，选用反常涡旋光束的系统信道容量大于拉盖尔-高斯光束。另外随着传输距离、拓扑荷、折射率结构常数和接收孔径的减小，以及阶数和波长的增加，反常涡旋光束受大气湍流的影响逐渐减小。由上述结论可知，当利用涡旋光束进行信息传输时，可以选用拓扑荷较小，阶数和波长较大的反常涡旋光束。同时接收器在保证与光束中心对准的前提下，可适当选用小孔径的。研究结果对通信和遥感具有指导意义。

4.3　中强度湍流

由上节可知现今关于电磁波在大气湍流中的研究方法主要有描述弱湍流大气的利托夫（Rytov）近似法，研究强湍流大气的马尔可夫（Markov）近似法，对于在中等强度的湍流大气中的电磁波传播问题，仍然没有很好的处理方法。基于大气湍流的随机性，相位屏法也成为一种探索电磁波在大气湍流中的传输问题的主要研究手段。本章节将会采用相位屏法来模拟涡旋光束在中等强度大气湍流中的传输特性。针对水平和上下行通信链路，分别仿真两种情况下的涡旋光束的传输特性，并且得到此时通信系统的系统容量。

4.3.1　仿真原理

1. 光传输理论

有关光波在湍流大气中传输的理论都是建立在标量电磁场波动方程的基础之上的，当满足近似条件即折射率起伏引起的相位变化足够小时，便可以把真空传播和介质相位调制看成是相互独立并同时完成的两个过程。该方法的具体思想是：把光波从输入到输出的传播路径 z 分成 N 段，如图 4.11 所示，每一段的传输距离为 $\Delta z = z/N$。每一段距离的大气湍流对波束的影响用相位屏 $\phi_n(x, y)$ 表现，在传播路径上的位置为 $(n - 1/2)\Delta z$，即每段距离的中间位置。当波通过相位屏时，只有相位发生变化，振幅不变。波的传播过程是入射波先经过 $\Delta z/2$ 的自由空间，然后再到达第 1 个相位屏，再经历 Δz 的自由空间到达下一个相位屏……最后再穿过第 N 个相位屏后，传播 $\Delta z/2$ 的自由空间完成整个路径的传播。

自由空间的传输过程用菲涅耳衍射公式来描述，根据傅里叶变换的性质可知输入场与菲涅耳积分式 $\exp[ik(x^2 + y^2)/(2\Delta z)]$ 相卷积便得到输出场。为了提高计算效率，把卷积过程通过傅里叶变换来实现，因此该方法也被称为分步傅里叶法（split-step Fourier

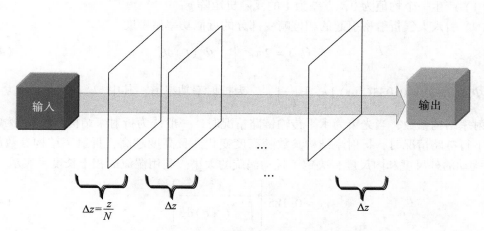

图 4.11 光传输模型

method)[7,158]。

2. 相位屏法

由于大气湍流具有随机性，数值模拟（尤其是其中的相位屏法）的方法逐渐成为探索光束在大气湍流中的传播问题的有效途径，并且已经获得了诸如光强概率分布等重要结果。其基本原理是：基于大气湍流对传输光束的影响表现为光束抖动、光强闪烁、光束扩展等，其物理本质是大气湍流引起传输光束波前相位的随机起伏，便可以将传输路径上的大气湍流等效为简单的相位屏，相位屏的统计特性满足湍流的统计理论，不同统计特征的相位屏可以通过数值模拟得到。

如今已经发展出了多种产生湍流效应随机相位屏的方法，这些方法可根据相位波前的表达方式不同大致分为两种：一种是根据大气湍流的功率谱密度函数得出大气扰动的相位分布，称为"功率谱反演法"，该方法最早由 McGlamery 提出[279]，之后得到了广泛的应用和发展；另一种方法是用正交的泽尼克（Zernike）多项式作为展开基函数来表示相位波前，称为 Zernike 多项式展开法。本章的相位屏的构造会采用谱反演法来实现。

3. 仿真过程

与 4.2.1 节中一样，本章也假设波束的发射点在 $z = 0$ 处，且波束的光腰也位于 $z = 0$。并且为了研究方便，但又不会影响结果的准确性，本章节中令 $p = 0$，则发射波束的表达式为

$$u_0(r,\ \varphi,\ 0) = \sqrt{\frac{2}{s!\ \pi}} \exp\left[-\left(\frac{r}{w_0}\right)^2\right] \left[\frac{\sqrt{2}r}{w_0}\right]^s \exp(is\varphi) \qquad (4.49)$$

根据式（4.49），再通过分步傅里叶法（split-step Fourier method）[7,158]便可以模拟出涡旋光束在湍流大气中的传输过程。

模拟涡旋光束传输的具体过程如下：

(1) 产生一个均值为 0,方差为 1 的复随机矩阵 $\boldsymbol{g}$;

(2) 引入大气折射率引起的相位畸变部分的近似功率谱密度

$$F_\phi(k_r) = 2\pi k^2 \int_z^{z+\Delta z} \Phi_n(\xi) \mathrm{d}\xi \tag{4.50}$$

其中 $\Phi_n(k_r, z) = 0.033 C_n^2(z) \left(k_r^2 + \dfrac{1}{L_0^2}\right)^{-11/6}$ 为折射率功率谱,其中,$k_r^2 = k_x^2 + k_y^2 + k_z^2$。$C_n^2$ 是折射率结构参数,当光束为水平传输链路情况时,一般认为折射率结构参数 C_n^2 为常数;在上下行链路情况时,折射率结构参数随高度变化,且高度越高,折射率结构参数越小。L_0 是扰动的外尺度和内尺度,决定了扰动涡旋的大小。利用湍流的相干长度来表示

$$r_0 = 0.185 \left[\dfrac{\lambda^2}{\int_z^{z+\Delta z} C_n^2(\xi) \mathrm{d}\xi}\right]^{3/5} \tag{4.51}$$

则

$$F_\phi(k_r) = 0.490 r_0^{-5/3} \left(k_r^2 + \dfrac{1}{L_0^2}\right)^{-11/6} \tag{4.52}$$

(3) 利用 Φ 对随机矩阵滤波,再进行逆傅里叶变换,得到时域的相位屏,即

$$\phi(\boldsymbol{r}) = \iint \dfrac{g}{\sqrt{\Delta k_x \Delta k_y}} \sqrt{F_\phi(k_r)} \, \mathrm{e}^{i \cdot k_r} \mathrm{d}\boldsymbol{k}_r \tag{4.53}$$

在此过程中需把式子离散化,以符合离散傅里叶变换的形式

$$\phi(x, y) = \sum_{k_x} \sum_{k_y} \dfrac{g(k_x, k_y)}{\sqrt{\Delta k_x \Delta k_y}} \sqrt{F_\phi(k_x, k_y)} \, \mathrm{e}^{i(k_x x + k_y y)} \Delta k_x \Delta k_y \tag{4.54}$$

其中,$\Delta x = G_x/N_x$,$\Delta y = G_y/N_y$,$\Delta f_x = 1/G_x$,$\Delta f_y = 1/G_y$,$x = m\Delta x$,$y = n\Delta y$,$f_x = m'\Delta f_x$,$f_y = n'\Delta f_y$,G_x,G_y 为相位屏的 x,y 方向的尺寸,N_x,N_y 为相位屏 x,y 方向的计算点数,则简化成

$$\phi(m, n) = \sum_{m=1}^{N_x} \sum_{n=1}^{N_y} g(m', n') f(m', n') \mathrm{e}^{i2\pi \left(\frac{m'm}{N_x} + \frac{n'n}{N_y}\right)} \tag{4.55}$$

(4) 相位屏作为附加相位作用于光束场,光场再经过一段 Δz 的自由空间传输,得到下一个相位屏前的光场

$$u(x, y, (n+1)\Delta z) = F^{-1}\left(F\{u(x, y, n\Delta z)\exp[i\phi(x, y)]\}\exp\left[\dfrac{-i(k_x^2 + k_y^2)\Delta z}{2k}\right]\right) \tag{4.56}$$

(5) 最后,经过多个相位屏与真空传输,得到最终的光束场 $u(x, y)$。

4.3.2   涡旋光束传输性质

本节以拉盖尔-高斯光束为研究对象。为了方便比较,我们首先给出自由空间中(即无大气湍流的情况)在传输距离 $z = 0$ 和 $z = 1\mathrm{km}$ 处的情况。图 4.12 是在 $z = 0$ 处的拓扑荷为 $s = 2$ 和 $s = 5$ 时拉盖尔-高斯光束的强度和相位分布图。其中相位是由灰度值表示,图 4.12 中黑色表示相位值为 $-\pi$,白色表示相位值为 π。由图 4.12 可见,光束的强度图为

圆环状，相位图为星形，拓扑荷越大，强度的圆环半径越大，相位的星形数越多。如果拓扑荷符号相反，强度图不会变化，相位图的螺旋的转向会反向。

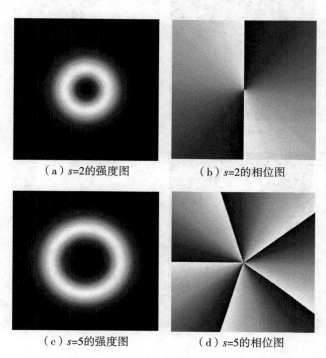

（a）s=2的强度图 　　　　　（b）s=2的相位图

（c）s=5的强度图 　　　　　（d）s=5的相位图

图 4.12　在 z = 0 处拉盖尔-高斯光束的强度和相位分布

图 4.13 是自由空间中拉盖尔-高斯光束传输 z = 1km 后的强度相位图，因为衍射会引起相位随距离的改变，所以此时的相位分布会发生变化，强度图的圆环会变宽，相位图的星形变成螺旋型。

1．水平通信链路

在大气湍流情况的仿真中，所用的参数值分别如下：选择涡旋光束的波长为常用通信窗口的 1550nm，光束在湍流大气中的传输距离为 1km，光束的光腰半径为 w_0 为 3cm，大气湍流的折射率结构常数 C_n^2 为 $1 \times 10^{-15}\mathrm{m}^{-2/3}$，根据相位屏法模拟得到大气湍流的形式为图 4.14（a）所示，图 4.14（b）为 $C_n^2 = 1 \times 10^{-14}\mathrm{m}^{-2/3}$ 时的大气湍流模型图。由图 4.14 可知，折射率结构常数 C_n^2 越大，相位起伏强度越大。

当拉盖尔-高斯光束在图 4.14 所示的湍流大气中传输时，得到的输出场如图 4.15 所示。与上述自由空间中的图 4.12 和图 4.13 相比较，可以看出大气湍流对拉盖尔-高斯光束的影响很大，不仅影响强度的均匀分布，还使相位的分界处模糊和变形。而且大气湍流的强度越大，对拉盖尔-高斯光束的影响也越大，此结论与上一节所得结论相同。

图 4.16 显示的是在大气湍流强度 $C_n^2 = 1 \times 10^{-15}\mathrm{m}^{-2/3}$ 下，发送不同拓扑荷时，接收光束的螺旋谱分布。由图 4.16 可以得出，发送的拓扑荷 s 越大，接收到的光束的螺旋谱为 s

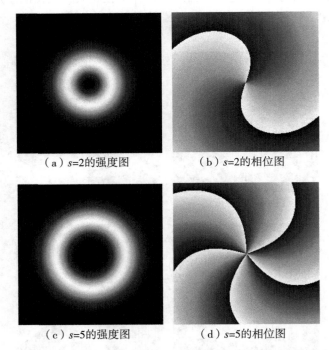

（a）s=2的强度图 （b）s=2的相位图

（c）s=5的强度图 （d）s=5的相位图

图 4.13 自由空间中在 $z = 1\text{km}$ 处 LG 光束的强度和相位分布

的分量所占的比重越小，因此可得出拓扑荷越大，受到湍流的影响越大，该结果与第 4 章所得结论也相同。

2. 上下行通信链路

上述结果是在通信链路为水平链路的情况，而空间通信中的星地激光通信目前也研究得比较多。而且涡旋光束在天文学应用上具有其特有优势，其在该领域的应用研究也是目前的一个热点。基于此点，以下将仿真在上下行链路中，拉盖尔-高斯光束在大气湍流中的传输特性。在仿真中，大气湍流强度折射率结构函数 C_n^2 选用 4.1.2 小节中已述的 Hufnagel-valley 白天模型。图 4.17 和图 4.18 所示分别为上下行链路情况下，输出涡旋光束的强度相位图和螺旋谱分布，可以得出上下行链路情况下，大气湍流对涡旋光束的影响比水平链路中的影响小。

4.3.3 通信系统容量

在通信系统中，根据输入输出随机变量个数的多少可以把信道分为离散单符号信道（信道的输入、输出都取值于离散符号集，且输入和输出端都只用一个随机变量来表示）和离散多符号信道（输入和输出端用随机变量序列来表示）。这对应着光束轨道角动量编码的通信系统中的两种拓扑荷编码方式。由目前所了解的资料，在利用具有轨道角动量的光束编码的通信系统中，根据拓扑荷的编码方式主要分为两类：一是单拓扑荷编码，二是

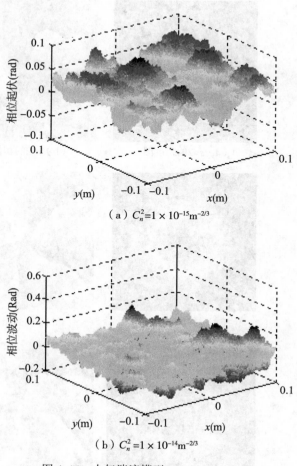

（a）$C_n^2 = 1 \times 10^{-15} \text{m}^{-2/3}$

（b）$C_n^2 = 1 \times 10^{-14} \text{m}^{-2/3}$

图 4.14 大气湍流模型

混合拓扑荷编码。理论上拓扑荷的取值是无限的，因此通信系统的容量可以很大，然而在实际中，光束的拓扑荷越大，光束最高强度处的半径就越大，从而所需接收孔径半径就越大，对探测系统的要求就越高，在本章节中以最大拓扑荷为 5 的波束为例，因此发送拓扑荷的集合为 $M = \{-L, \cdots, L\} = \{-5, -4, \cdots, +4, +5\}$。接下来将分别计算在两种编码方式下，通信系统的信道容量。

1. 单拓扑荷编码

由参考文献[159]可知在单拓扑荷编码中，系统的信道容量表达式为

$$C = \max[H(x) - H(x \mid y)]$$
$$= \max\left[-\sum_{x_i} P(x_i)\log_2 P(x_i) - \left(-\sum_{y_j}\sum_{x_i} P(x_i, y_j)\log_2 P(x_i \mid y_j)\right)\right] \quad (4.57)$$

其中发射信号 $\{x_i\}$ 的概率 $P(x_i)$，$\{x_i\}$ 与接收信号 $\{y_j\}$ 的联合概率 $P(x_i, y_j)$ 及给定

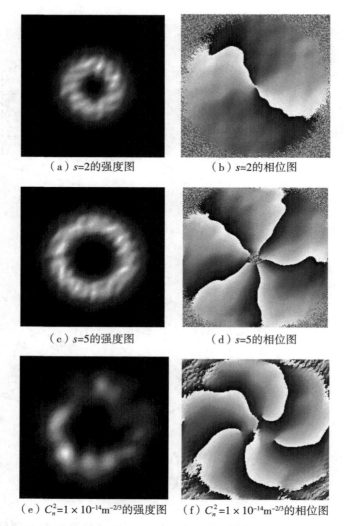

（a）s=2的强度图　　　　　　　（b）s=2的相位图

（c）s=5的强度图　　　　　　　（d）s=5的相位图

（e）C_n^2=1×10^{-14}m$^{-2/3}$的强度图　　（f）C_n^2=1×10^{-14}m$^{-2/3}$的相位图

图 4.15　大气湍流中在 z = 1km 处拉盖尔-高斯光束的强度和相位分布

$\{y_j\}$ 得 $\{x_i\}$ 的条件概率 $P(x_i \mid y_j)$ 分别满足

$$P(x_i) = \frac{1}{2L + 1}\{x_i \in M\} \tag{4.58}$$

$$P(y_j \mid x_i) = P(l \mid l_0)\{x_i \in M\} \tag{4.59}$$

$$P(x_i,\ y_j) = P(x_i)P(y_j \mid x_i) = \frac{P(l \mid l_0)}{2L + 1} \tag{4.60}$$

$$P(x_i \mid y_j) = \frac{P(x_i,\ y_j)}{P(y_j)} = \frac{P(x_i,\ y_j)}{\sum_{x_i} P(x_i,\ y_j)} = \frac{P(l \mid l_0)}{\sum_{x_i} P(l \mid l_0)} \tag{4.61}$$

其中，要使信道容量最大，则需要发送拓扑荷的概率均等，即 $P(x_i) = 1/(2L + 1)$。假设

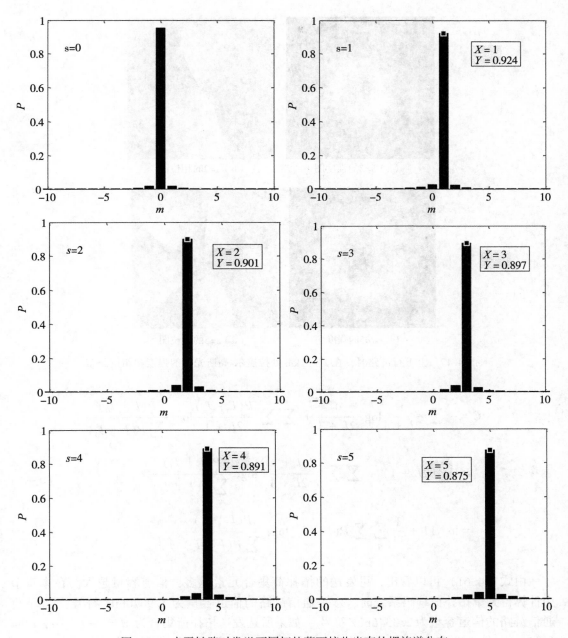

图 4.16 水平链路时发送不同拓扑荷下接收光束的螺旋谱分布

外加噪声为零，则 $P(l \mid l_0)$ 为发射光束的拓扑荷为 l_0 时，接收光束的螺旋谱分布中 l 分量占的比值。

最后得到在单拓扑荷编码中，系统的信道容量为

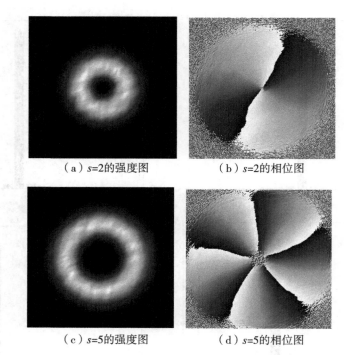

（a）$s=2$的强度图　　　　（b）$s=2$的相位图

（c）$s=5$的强度图　　　　（d）$s=5$的相位图

图 4.17　上下行链路时，在 $z=1\mathrm{km}$ 处拉盖尔-高斯光束的强度和相位分布

$$
\begin{aligned}
C &= -\sum_{x_i}\frac{1}{2L+1}\log_2\frac{1}{2L+1} + \sum_{y_j}\sum_{x_i}\frac{P(l\mid l_0)}{2L+1}\log_2\frac{P(l\mid l_0)}{\displaystyle\sum_{x_i}P(l\mid l_0)} \\
&= \log_2(2L+1) + \sum_{y_j}\sum_{x_i}\frac{P(l\mid l_0)}{2L+1}\log_2\frac{P(l\mid l_0)}{\displaystyle\sum_{x_i}P(l\mid l_0)} \\
&= \log_2 11 + \frac{1}{11}\sum_{y_j}\sum_{x_i}P(l\mid l_0)\log_2\frac{P(l\mid l_0)}{\displaystyle\sum_{x_i}P(l\mid l_0)}
\end{aligned}
\tag{4.62}
$$

由式（4.61）可以看出，可发送的拓扑荷集合元素越多，信道容量越大。在本章节中计算得到单拓扑荷编码系统时，水平通信链路的信道容量为 1.9670bit/ 符号；上下行通信链路的信道容量为 2.3346bit/ 符号。如果所选发送拓扑荷集合为 $M=\{-L,\cdots,L\}=\{-3,\cdots,+3\}$，则此时水平链路和上下行链路的信道容量分别对应为 1.5895bit/ 符号，1.8946bit/ 符号。

2. 混合拓扑荷编码

当采用混合拓扑荷编码方式时，混合 OAM 态 n 经大气扰动后，得到 OAM 态为 m 的概率（$m,n\in S\subset M=\{-L,\cdots,L\}=\{-5,-4,\cdots,+4,+5\}$，$S$ 为发送拓扑荷

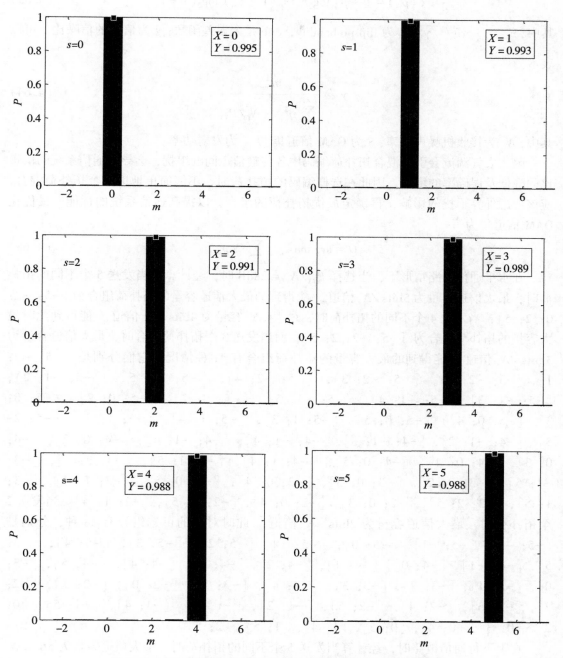

图 4.18 上下行链路时不同发送拓扑荷下接收光束的螺旋谱分布

的集合，所包含的元素个数为 $N_s \geqslant 2$），可以构成一个矩阵，此矩阵中的元素为 η_{nm}。如参考文献[7]中所述，可以认为该传输模型是二进制对称信道（binary-symmetric channel），则此时的信道容量为

$$C(p_m) = 1 + p_m \log_2 p_m + (1 - p_m) \log_2 (1 - p_m) \tag{4.63}$$

其中, $p_m = \dfrac{1}{2} \mathrm{erfc}(\sqrt{\gamma/2})$ 为 flip probability, erfc 是余误差函数; γ 为信道的信噪比, 可以表示为

$$\gamma \triangleq \frac{\eta_{mm}^2}{\sum\limits_{\substack{n \neq m \\ n \in S}} \eta_{nm}^2 + N_0/P_{TX}} \tag{4.64}$$

其中, N_0 为接收机噪声功率, S 为 OAM 信道集, P_{TX} 为发射功率。

因为大气湍流会引起混合拓扑荷编码中各传输信道间的串扰, 会导致通信系统的信噪比的降低及误码率的增加, 因此在选择编码的拓扑荷时, 不能简单地取几个拓扑荷混合, 应该考虑外界干扰的影响, 再确定最优拓扑荷的组合, 以提高通信系统的性能。最优化 OAM 信道集为[7]

$$\hat{O} = \arg \max_{0 \subset M} \sum_{m \in 0} C(p_m) \tag{4.65}$$

在水平通信链路情形下, 当选择 $P_{TX}/N_0 = 28\mathrm{dB}$ 时, 经计算, 当发送 5 个不同的拓扑荷时, 最大信道容量为 5bits $/N_s$ 信道, 能得到的最大信道容量的拓扑荷组合为 [-5; -2; 0; 2; 5]; 当发送 4 个不同的拓扑荷时, 最大信道容量为 4bits $/N_s$ 信道, 能得到此时最大容量的拓扑荷组合为 [-5; -2; 2; 5]; 而当发送 3 个拓扑荷组合时, 最大信道容量为 3 bits $/N_s$ 信道, 能得到的最大容量的拓扑荷组合有 41 种情况, 它们分别是 [-5; -2; 1], [-5; -2; 2], [-5; -2; 3], [-5; -2; 4], [-5; -2; 5], [-5; -1; 2], [-5; -1; 3], [-5; -1; 4], [-5; -1; 5], [-5; 0; 2], [-5; 0; 2], [-5; 0; 3], [-5; 0; 4], [-5; 0; 5], [-5; 1; 3], [-5; 1; 4], [-5; 1; 5], [-5; 2; 5], [-4; -1; 2], [-4; -1; 3], [-4; -1; 4], [-4; -1; 5], [-4; 0; 2], [-4; 0; 3], [-4; 0; 4], [-4; 0; 5], [-4; 1; 4], [-4; 1; 5], [-4; 2; 5], [-3; -1; 5], [-3; 0; 2], [-3; 0; 3], [-3; 0; 4], [-3; 0; 5], [-3; 1; 4], [-3; 1; 5], [-3; 2; 5], [-2; 0; 3], [-2; 0; 4], [-2; 0; 5], [-2; 1; 4]。当发送 2 个拓扑荷时, 最大信道容量为 2bits $/N_s$ 信道, 此时对应的可选组合有 38 种, 分别是 [-5; -2], [-5; -1], [-5; 0], [-5; 1], [-5; 2], [-5; 3], [-5; 4], [-5; 5], [-4; -1], [-4; 0], [-4; 1], [-4; 2], [-4; 3], [-4; 4], [-4; 5], [-3; 0], [-3; 1], [-3; 2], [-3; 3], [-3; 4], [-3; 5], [-2; 0], [-2; 1], [-2; 2], [-2; 4], [-2; 5], [-1; 2], [-1; 3], [-1; 4], [-1; 5], [0; 2], [0; 3], [0; 4], [0; 5], [1; 4], [1; 5], [2; 5]。

在上下行通信链路时, 经计算当发送 5 个不同的拓扑荷时, 最大信道容量为 5bits$/N_s$ 信道, 能得到此最大信道容量的拓扑荷组合有 462 种情况; 当发送 4 个不同的拓扑荷时, 最大信道容量为 4bits$/N_s$ 信道, 能得到此最大容量的拓扑荷组合为 330 种; 而当发送 3 个拓扑荷组合时, 最大信道容量为 3bits$/N_s$ 信道, 能得到此最大容量的拓扑荷组合有 165 种情况; 当发送 2 个拓扑荷时, 最大信道容量为 2bits$/N_s$ 信道, 此时对应的可选组合有 55 种。所有的可选组合在此不一一列出。

3. 结论

本节主要研究了拉盖尔-高斯光束在中强度湍流大气中的传输特性及通信系统的信道容量。经过仿真分析得到以下结论：第一，大气湍流会影响拉盖尔-高斯光束的传输性质，而且拓扑荷和折射率结构函数越大，影响越大；第二，上、下行链路中拉盖尔-高斯光束受到大气湍流的影响比水平链路受到的影响小；第三，在单拓扑荷编码时，可选的发送拓扑荷集合元素越多，信道容量越大；第四，在混合拓扑荷编码时，当选择最优拓扑荷组合时，发送的拓扑荷个数越多，信道容量越大。

4.4 本章小结

本章主要分析了拉盖尔-高斯光束和反常涡旋光束在湍流大气中的传输特性。首先介绍了大气湍流的发生过程及性质，并总结了描述大气湍流的两个重要参数的特性，即折射率结构函数和折射率功率谱密度函数，还列举了大气湍流对光束的一些主要影响及目前已有的关于电磁波在大气湍流中传输的研究方法。

本章首先研究了在利托夫近似下，拉盖尔-高斯光束在弱湍流大气中的螺旋谱特性，并且考虑了有限接收孔径的影响。通过数值仿真得出大气湍流对光束螺旋谱的影响以及光束螺旋谱随各参数值（包括传输距离、拓扑荷、折射率结构常数、接收孔径半径、光束波长）的变化特性。根据仿真结论推出了光束螺旋谱在弱湍流大气中传输时螺旋谱的解析表达式。之后研究了反常涡旋光束在弱强度湍流大气中传输时的螺旋谱特性。利用惠更斯-菲涅耳积分式和利托夫近似推导了反常涡旋光束的螺旋谱的积分表达式，并由此推导了其解析表达式。通过数值模拟对比，分析了大气湍流对反常涡旋光束和拉盖尔-高斯光束的螺旋谱分布的影响。结果表明，与拉盖尔-高斯光束 s 相比，反常涡旋光束 s 的螺旋谱受湍流的影响较小。因此，使用反常涡旋光束的无线光链路的信息容量大于使用拉盖尔-高斯光束的无线光链路。此外，光束阶数越大，波长越长，拓扑电荷越小，传输距离越短，折射率结构常数越小或接收孔径半径越小，对湍流大气中涡旋光束的螺旋谱影响越小。

本章还分析了拉盖尔-高斯光束在中强度湍流大气中的传输特性。利用分步傅里叶法和相位屏法仿真了拉盖尔-高斯光束在大气湍流中的传输过程。分别得出在水平通信链路和上下行通信链路情况下，拉盖尔-高斯光束的强度分布、相位分布及螺旋谱分布情况。本章还分别分析了两种编码方式即单拓扑荷编码和混合拓扑荷编码情况下，通信系统信道容量的计算过程及结果。本章的研究成果对光束轨道角动量通信系统的实际应用具有很好的指示性作用。

第5章　部分相干涡旋光束的传输特性

在实际光学系统中，激光器发出的光束几乎都是部分相干光，而且在有些领域部分相干光比完全相干光得到更多的应用[[276]]，因此针对涡旋光束，越来越多的研究者聚焦于部分相干涡旋光束[40,45,275,276]，1990 年，经 Wu 和 Boardman 论明，当光束在湍流介质中传输时，部分相干光束的光强分布受湍流的影响比完全相干光小。因此研究部分相干涡旋光束的特性对大气激光通信等方面具有相当重要的意义[249,258,259,267,280-284]。部分相干光束可以用交叉谱密度函数来描述

$$\Gamma(\boldsymbol{\rho}_1, \boldsymbol{\rho}_2, z, \omega) = \langle E(\boldsymbol{\rho}_1, z, \omega) E^*(\boldsymbol{\rho}_1, z, \omega) \rangle \tag{5.1}$$

其中，$\boldsymbol{\rho}_1$，$\boldsymbol{\rho}_2$ 为光源平面的任意二维位置矢量，ω 为光束角频率；E 为电场；$\langle\rangle$ 表示系综平均。

维纳分布（Wigner distribution，WD）在对相干光在一阶光学系统的研究中起着非常重要的作用。1932 年，Wigner 在力学中引入了维纳分布函数来描述力学现象。之后在 20 世纪 60 年代 Dolin 等人把这种维纳分布引入到光学中，随后几年，维纳分布被用于傅里叶光学中，自此，维纳分布得到了广泛研究和应用[285]。维纳分布根据光线来描绘光场，与光是部分相干光还是完全相干光无关，因此维纳分布在描述混合空域−空间频率域中的部分相干光和完全相干光中具有非常重要的应用。在力学中，最重要的两个量是位置和动量，而在光学中，光线的位置和方向是两个重要的量。位置变量定义为 $\boldsymbol{\rho} = (x, y)$，动量（方向）变量定义为 $\boldsymbol{p} = (p_x, p_y)$，维纳分布可以表示为[254,256,286,287]

$$W(\boldsymbol{\rho}, \boldsymbol{p}) = \left(\frac{1}{2\pi\lambda}\right)^2 \int d^2 \Delta\rho \exp(-i\boldsymbol{p} \cdot \Delta\boldsymbol{\rho}/\lambda) \psi\left(\boldsymbol{\rho} + \frac{\Delta\boldsymbol{\rho}}{2}\right) \psi^*\left(\boldsymbol{\rho} - \frac{\Delta\boldsymbol{\rho}}{2}\right) \tag{5.2}$$

由此式可看出维纳分布可以表示为交叉谱密度函数的傅里叶变换

$$W(x, p_x; y, p_y) = \int_{-\infty}^{\infty} \int_{-\infty}^{\infty} \Gamma\left(x + \frac{1}{2}x', x - \frac{1}{2}x'; y + \frac{1}{2}y', y - \frac{1}{2}y'\right)$$
$$\times \exp\left[-i2\pi(p_x x' + p_y y')\right] dx'dy' \tag{5.3}$$

维纳分布的归一矩可以表示为[252,288]

$$\mu_{pqrs}E = \int_{-\infty}^{\infty} \int_{-\infty}^{\infty} \int_{-\infty}^{\infty} \int_{-\infty}^{\infty} x^p u^q y^r v^s W(x, u; y, v) dxdudydv \tag{5.4}$$

根据其二阶矩（$p + q + r + s = 2$），可以得出光束的总 OAM 及其不对称和涡旋 OAM[252,288]

$$\Lambda = E(\mu_{1001} - \mu_{0110})/c^2 \tag{5.5}$$

$$\Lambda_a = \frac{E}{c^2} \frac{(\mu_{2000} - \mu_{0020})(\mu_{1001} + \mu_{0110}) - 2\mu_{1010}(\mu_{1100} - \mu_{0011})}{(\mu_{2000} + \mu_{0020})} \tag{5.6}$$

$$\Lambda_v = \frac{2E}{c^2} \frac{\mu_{0020}\mu_{1001} - \mu_{2000}\mu_{0110} + \mu_{1010}(\mu_{1100} - \mu_{0011})}{(\mu_{2000} + \mu_{0020})} \tag{5.7}$$

目前，部分相干涡旋光[249,258,259,267,280-284]正逐渐吸引研究者的视线，利用维纳分布可以更好地研究其在一阶光学系统中的传输特性。而且根据维纳分布与光束能量及角动量的关系可以进一步深入研究涡旋光束的本征特性。

5.1　部分相干拉盖尔-高斯光束和复宗量拉盖尔-高斯光束的研究现状

近年来，部分相干拉盖尔-高斯光束和复宗量拉盖尔-高斯光束的研究见表 5.1，主要有以下成果。南京理工大学和江南大学基于 Rytov 近似和交叉谱密度近似研究了部分相干拉盖尔-高斯光束经过大气湍流的传输特性[267]。南京理工大学研究了部分相干拉盖尔-高斯光束在大气中的强度和偏振特性。利用交叉谱密度矩阵描述二阶相干和偏振特性，而交叉谱密度矩阵中的元素通过广义惠更斯-菲涅耳定理来推导[289]。华侨大学通过实验得到了部分相干涡旋光束的产生与传输特性[284]。

表 5.1　**部分相干 LG 光束和 ELG 光束的研究现状**

研究特性	光束及环境	研究方法	机构
光强	拉盖尔-高斯光束	实验产生	华侨大学
		交叉谱密度矩阵和广义惠更斯-菲涅耳定理	南京理工大学
		归一化 Collins 积分公式	东吴大学的 Fei Wang 和美国迈阿密大学
	拉盖尔-高斯光束经大气湍流	Rytov 近似和交叉谱密度	南京理工大学和江南大学
		广义惠更斯-菲涅耳原理和光学相干理论	东吴大学和土耳其的 Çankaya University
	复宗量拉盖尔-高斯光束	归一化 Collins 积分公式	东吴大学的 Fei Wang 和美国迈阿密大学
	复宗量拉盖尔-高斯光束经大气湍流	广义惠更斯-菲涅耳原理和光学相干理论	东吴大学和土耳其 Çankaya University
偏振特性	拉盖尔-高斯光束	交叉谱密度矩阵和广义惠更斯-菲涅耳定理	南京理工大学
	复宗量拉盖尔-高斯光束	广义惠更斯-菲涅耳原理和相干偏振统一理论	安徽师范大学

续表

研究特性	光束及环境	研 究 方 法	机　　构
辐射力	聚焦部分相干复宗量拉盖尔-高斯光束	瑞利散射理论	东吴大学

安徽师范大学利用广义惠更斯-菲涅耳原理和相干偏振统一理论推导出部分相干复宗量拉盖尔-高斯光束在非 Kolmogorov 湍流大气中的交叉谱密度矩阵，并由此得出偏振度和谱相干度的表达式，并基于表达式进行数值仿真，分析部分复宗量拉盖尔-高斯光束的偏振特性[46,47]。东吴大学还利用瑞利散射理论来研究聚焦部分相干复宗量拉盖尔-高斯光束，发现可以用其来捕获瑞利粒子[290]。

东吴大学的 Fei Wang 和美国迈阿密大学的 Olga Korotkova 研究了部分相干拉盖尔-高斯光束和复宗量拉盖尔-高斯光束的传输特性，具体利用归一化 Collins 积分公式分别得到两种光束通过 ABCD 系统的交叉谱密度的解析式，并基于该解析式对比分析两种光束的光强特性[249]。东吴大学和土耳其 Çankaya University 的 Eyyuboğlu 和 Baykal 分别通过理论推导和数值仿真研究了部分相干拉盖尔-高斯光束和复宗量拉盖尔-高斯光束经过大气湍流后的强度特性[291]。

5.2　部分相干反常涡旋光束的传输特性

如上所述已经发现与完全相关光相比，部分相干拉盖尔-高斯光束和复宗量拉盖尔-高斯光束受大气湍流的影响较小[249,291]，因此在空间传输时更具有优势。反常涡旋光束虽然在被提出之后也得到较多关注和研究[60,61,268,273,292]，然而这些研究主要针对的是完全相干反常涡旋光束，部分相干反常涡旋光束在大气湍流中的传输特性还未见相关研究。因此，需要研究部分相干反常涡旋光束在大气湍流中的传输特性。

光束在传输过程中的特性变化包括抖动、衰减、色散、展宽等[293]，而当涡旋光束在大气中传输时，其传输特性变化的主要是光强、相位起伏、光束展宽、螺旋谱弥散等。本章节主要研究部分相干反常涡旋光束的光强和有效光斑尺寸，先从源平面的反常涡旋光束表达式出发，推导部分相干反常涡旋光束在大气湍流中传输时的光强表达式，并在此基础上研究有效光斑尺寸。

5.2.1　理论推导

假设光源位于 $z=0$ 平面，反常涡旋光束在源平面的光场表达式为[274]

$$E_{mn}(r,\ \theta,\ 0) = A\exp\left[-\left(\frac{r}{w_0}\right)^2\right]\left[\frac{r}{w_0}\right]^{2n+|m|}\exp(-im\theta) \qquad (5.8)$$

其中，A 为常数，n 为反常涡旋光束的阶数，m 为拓扑荷，w_0 为束腰半径。则反常涡旋光束在源平面的互相干函数为

$$W_0(r_1, \ \theta_1, \ r_2, \ \theta_2; \ 0) = A^2 \exp\left[-\frac{r_1^2 + r_2^2}{w_0^2}\right]\left[\frac{r_1 r_2}{w_0^2}\right]^{2n+|m|}$$

$$\times \exp\left[-im(\theta_1 - \theta_2)\right]\exp\left[-\frac{(\boldsymbol{r}_1 - \boldsymbol{r}_2)^2}{2\sigma^2}\right] \tag{5.9}$$

其中，σ 为空间相干长度。

根据广义惠更斯-菲涅耳公式可得反常涡旋光束沿 z 轴正方向在湍流大气中传输时，z 平面的互相干函数为

$$W(\rho_1, \ \varphi_1, \ \rho_2, \ \varphi_2; \ z) = \left(\frac{1}{\lambda z}\right)^2 \int_0^{2\pi}\int_0^{2\pi}\int_0^{\infty}\int_0^{\infty} W_0$$

$$\times \exp\left\{-\frac{ik(\boldsymbol{r}_1 - \boldsymbol{\rho}_1)^2}{2z} + \frac{ik(\boldsymbol{r}_2 - \boldsymbol{\rho}_2)^2}{2z}\right\} \tag{5.10}$$

$$\times \left\langle\exp\left[\psi(\boldsymbol{r}_1, \ \boldsymbol{\rho}_1, \ z) + \psi^*(\boldsymbol{r}_2, \ \boldsymbol{\rho}_2, \ z)\right]\right\rangle r_1 r_2 \mathrm{d}r_1 \mathrm{d}\theta_1 \mathrm{d}r_2 \mathrm{d}\theta_2$$

其中，λ 为波长，k 为波数。再根据利托夫（Rytov）相位结构函数的平方近似可得

$$\left\langle\exp\left[\psi(\boldsymbol{r}_1, \ \boldsymbol{\rho}_1, \ z) + \psi^*(\boldsymbol{r}_2, \ \boldsymbol{\rho}_2, \ z)\right]\right\rangle =$$

$$\exp\left[-\frac{(\boldsymbol{r}_1 - \boldsymbol{r}_2)^2 + (\boldsymbol{r}_1 - \boldsymbol{r}_2)(\boldsymbol{\rho}_1 - \boldsymbol{\rho}_2) + (\boldsymbol{\rho}_1 - \boldsymbol{\rho}_2)^2}{\rho_0^2}\right] \tag{5.11}$$

式中，$\rho_0^2 = (0.545 C_n^2 k^2 z)^{-3/5}$ [275,276]，C_n^2 为折射率结构常数。

将式（5.9）和式（5.11）代入式（5.10），并取 $\boldsymbol{\rho}_1 = \boldsymbol{\rho}_2$，经过繁琐的积分计算，可得到部分相干反常涡旋光束在大气湍流中传输时的光强表达式

$$I = W(\rho_1, \ \varphi_1, \ \rho_1, \ \varphi_1; \ z)$$

$$= \left(\frac{Ak}{z}\right)^2 \sum_{l=-\infty}^{\infty}\int_0^{\infty}\int_0^{\infty}\left[\frac{r_1 r_2}{w_0^2}\right]^{2n+|m|}\exp\left[-\left(\frac{1}{w_0^2} + \frac{1}{2\sigma^2} + \frac{1}{\rho_0^2} + \frac{ik}{2z}\right)r_1^2\right]$$

$$\exp\left[-\left(\frac{1}{w_0^2} + \frac{1}{2\sigma^2} + \frac{1}{\rho_0^2} - \frac{ik}{2z}\right)r_2^2\right] \tag{5.12}$$

$$J_l\left(\frac{kr_1\rho_1}{z}\right)J_l\left(\frac{kr_2\rho_1}{z}\right)I_{(m+l)}\left(\frac{2r_1 r_2}{2\sigma^2} + \frac{2r_1 r_2}{\rho_0^2}\right)r_1 r_2 \mathrm{d}r_1 \mathrm{d}r_2$$

基于上述光强表达式（5.12），可以得到部分相干反常涡旋光束的有效光斑尺寸。根据部分相干光束在 x 方向和 y 方向的有效光斑尺寸的定义

$$w_z^2\binom{x}{y} = \frac{4\iint\binom{x}{y}^2 I\mathrm{d}x\mathrm{d}y}{\iint I\mathrm{d}x\mathrm{d}y} \tag{5.13}$$

可将其转化成极坐标系，并得部分相干反常涡旋光束的有效光斑尺寸为

$$w_{z\rho}^2 = \frac{4\iint\rho^2 I\rho\mathrm{d}\rho\mathrm{d}\varphi}{\iint I\rho\mathrm{d}\rho\mathrm{d}\varphi} \tag{5.14}$$

5.2.2　数值仿真

基于光强表达式（5.12）和有效光斑尺寸表达式（5.14）进行数值模拟，以得到部分相干反常涡旋光束的光强分布，以及空间相干长度 σ 和大气折射率常数 C_n^2 对光强和有效光斑尺寸的影响，从而在实际应用中能找到上述两参数的相对合适的取值。参数取值为 $A = 1$，$\lambda = 632.8\text{nm}$，$m = n = 1$，$w_0 = 2\text{mm}$，$z = 5z_0 = 5\dfrac{kw_0^2}{2}$。图 5.1 为当大气折射率常数 C_n^2 分别为 0 和 $10^{-12}\text{m}^{-2/3}$ 时，反常涡旋光束的归一化强度分布随空间相干长度 σ 的变化情

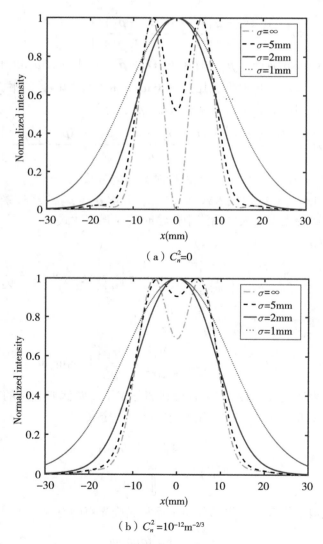

（a）$C_n^2 = 0$

（b）$C_n^2 = 10^{-12}\text{m}^{-2/3}$

图 5.1　AVB 的归一化强度分布随空间相干长度 σ 的变化情况

况。由图 5.1（a）可知，当完全相干（$\sigma = \infty$）反常涡旋光束在自由空间（$C_n^2 = 0$）和大气湍流（$C_n^2 = 10^{-12}\mathrm{m}^{-2/3}$）中传输时，光强分布呈圆环结构，而随着 σ 的减小，光强的中心点强度逐渐增强，光束逐渐展宽。由图 5.1（a）（b）对比可知，C_n^2 的增加也会引起光束的中心强度增强和展宽。

图 5.2 为当 σ 分别为 ∞ 和 2mm 时，反常涡旋光束的归一化强度分布随 C_n^2 的变化情况。由图 5.2（a）和图 5.2（b）对比可以发现，当反常涡旋光束为完全相干光（$\sigma = \infty$）时，C_n^2 取值不同，光强分布表现出较大的差异。而当反常涡旋光束为部分相干光（$\sigma = $ 2mm 时），光强分布在不同 C_n^2 时几乎一致。由此验证了部分相干涡旋光束受大气湍流的影响比完全相干涡旋光束小。

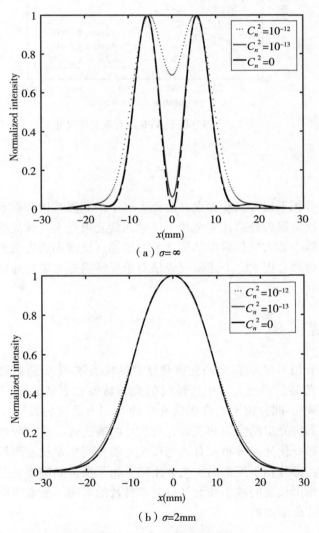

（a）$\sigma = \infty$

（b）$\sigma = 2\mathrm{mm}$

图 5.2　反常涡旋光束的归一化强度分布随 C_n^2 的变化情况

图 5.3 为部分相干反常涡旋光束的有效光斑尺寸随 σ 和 C_n^2 的变化情况。由图可知，随着传输距离的增加，光束逐渐展宽。而且随着 σ 减小和 C_n^2 增大，有效光斑尺寸越大，这与图 5.1 所示结果一致。

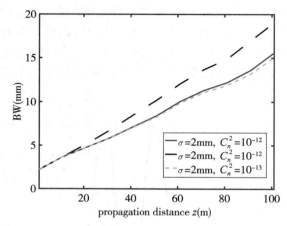

图 5.3　部分相干 AVB 的有效光斑尺寸

5.2.3　结论

本节研究了部分相干反常涡旋光束在湍流大气中的光强特性和有效光斑尺寸。研究结果表明，部分相干反常涡旋光束比完全相干反常涡旋光束受大气湍流的影响更小。而且随着空间相干长度的减小和大气折射率结构常数的增加，反常涡旋光束光强的中心点强度逐渐增强，且有效光斑尺寸更大。上述研究成果对于反常涡旋光束在通信和遥感领域的应用具有指导作用。

5.3　本章小结

本章总结了部分相干拉盖尔-高斯光束和复宗量拉盖尔-高斯光束的研究现状。研究了部分相干反常涡旋光束在湍流大气中传输时的光强特性和有效光斑尺寸。利用广义惠更斯-菲涅耳积分式推导了部分相干反常涡旋光束的互相干函数的表达式，并在此基础之上得到部分相干反常涡旋光束的光强和有效光斑尺寸的表达式。通过数值模拟分析了部分相干反常涡旋光束的归一化光强分布和有效光斑尺寸随空间相干长度和折射率常数的变化情况。研究结果表明：部分相干反常涡旋光束比完全相干反常涡旋光束受大气湍流的影响更小，而且随着空间相干长度的减小和大气折射率常数的增加，反常涡旋光束光强的中心点强度和有效光斑尺寸逐渐增加。

第 6 章　非傍轴涡旋光束的传输特性

前几章针对涡旋光束的研究大多数是在傍轴近似条件下，在非傍轴条件下研究较少。而由于傍轴近似理论的不自洽性，以及在许多非傍轴场合如高能量、高功率激光束所带来的大发散角、强聚焦以及通过大数值孔径微光学元件会使得傍轴条件不再适用[294]，因此有必要对非傍轴的涡旋光束进行研究。

在非傍轴方面，美国耶鲁大学和劳伦斯利福摩尔国家实验室利用矢量角谱法推导了拉盖尔-高斯光束的全场解。由此便可以得出傍轴和非傍轴近似下的拉盖尔-高斯光束的轨道角动量性质[295]。美国 ASML 公司和浙江农林大学采用类似的方法研究了复宗量拉盖尔-高斯光束的轨道角动量密度特性[296]。加拿大的 Alexandre April 于 2008 年从赫尔墨兹方程中（Helmholtz equation）推导出了复宗量拉盖尔-高斯光束在非傍轴近似下的精确形式[297]，并且研究了复宗量拉盖尔-高斯光束正交经过单轴晶体的非傍轴传输特性[298]。湖州师范学院利用矢量瑞利索茉菲公式得出了傍轴和非傍轴矢量复宗量拉盖尔-高斯光束的解析表达式，并通过对比分析两者发现傍轴和非傍轴近似下时两者的传输特性有很大差异[299]。该研究结论说明研究当涡旋光束工作于非傍轴近似下时，不能简单地套用傍轴近似下的条件和参数选择，由此也说明研究反常涡旋光束在非傍轴近似下的必要性。

6.1　非傍轴拉盖尔-高斯光束

以往对非傍轴拉盖尔-高斯光束的研究，主要集中于其光强、功率、二阶矩、光束质量等特性[294]，而涡旋光束之所以能受到众多研究者的青睐主要是因为其具有轨道角动量特性，因此本节的侧重点在于其轨道角动量特性。

角动量包含轨道角动量和自旋角动量，轨道角动量来源于光场的螺旋波前结构，而自旋角动量与光波的偏振态有关，如光束为线偏振光时其自旋角动量为零[1]，本节只关注于轨道角动量，因此研究对象为线偏振光束。文献[295]采用矢量角谱法推导了非傍轴拉盖尔-高斯光束的表达式，以及轨道角动量和自旋角动量密度以及总的角动量特性表达式。但是并没有绘出和分析拉盖尔-高斯光束的轨道角动量密度分布，本节将采用矢量瑞利-索末菲衍射积分法推导非傍轴拉盖尔-高斯光束的表达式，并由此研究非傍轴拉盖尔-高斯光束的轨道角动量密度分布，并与傍轴拉盖尔-高斯光束进行对比。

6.1.1 非傍轴光束的光场表达式

在 $z=0$ 处，线偏振光束的场分布为

$$E(r,\ \theta,\ 0) = E_x(x_0,\ y_0,\ 0)\,\boldsymbol{i} = E_0\left[\frac{\sqrt{2}r}{w_0}\right]^s L_p^s\left[\left(\frac{\sqrt{2}r}{w_0}\right)^2\right]\exp\left[-\left(\frac{r}{w_0}\right)^2\right]\exp(-is\theta)\,\boldsymbol{i}$$

(6.1)

其中 s 为拓扑荷，p 为径向指数，w_0 为束腰半径，E_0 为系数，L_p^s 为拉盖尔系数。

由矢量瑞利-索末菲衍射积分公式可得非傍轴矢量光束的传输场分布为

$$E_x(\rho,\ \varphi,\ z) = -\frac{iz}{\lambda R}\frac{\exp(-ikR)}{R}\int_0^{2\pi}\int_0^{\infty}E_x(r,\ \theta,\ 0)\exp\left(-ik\frac{r^2-2\boldsymbol{\rho}\cdot\boldsymbol{r}}{2R}\right)r\mathrm{d}r\mathrm{d}\theta$$

(6.2)

$$E_z(\rho,\ \varphi,\ z) = \frac{i}{\lambda R}\frac{\exp(-ikR)}{R}\int_0^{2\pi}\int_0^{\infty}\left[E_x(r,\ \theta,\ 0)(x-x_0)+E_y(r,\ \theta,\ 0)(y-y_0)\right]$$

$$\times\exp\left(-ik\frac{r^2-2\boldsymbol{\rho}\cdot\boldsymbol{r}}{2R}\right)r\mathrm{d}r\mathrm{d}\theta$$

(6.3)

其中 $\boldsymbol{R}_0 = x_0\boldsymbol{i}+y_0\boldsymbol{j}$，$\boldsymbol{R} = x\boldsymbol{i}+y\boldsymbol{j}+z\boldsymbol{\kappa}$，$R = \sqrt{x^2+y^2+z^2}$，$k = \dfrac{2\pi}{\lambda}$。

首先对 x 方向的电场表达式进行推导。把式（6.1）代入式（6.2），得

$$E_x(\rho,\ \varphi,\ z) = -E_0\frac{iz}{\lambda R}\frac{\exp(-ikR)}{R}\int_0^{\infty}rL_p^s\left[\left(\frac{\sqrt{2}r}{w_0}\right)^2\right]\exp\left[-\frac{r^2}{w_0^2}-\frac{ikr^2}{2R}\right]\left[\frac{\sqrt{2}r}{w_0}\right]^s$$

$$\times\int_0^{2\pi}\exp\left[-is\theta+\frac{ik\rho r\cos(\theta-\varphi)}{R}\right]\mathrm{d}\theta\mathrm{d}r$$

(6.4)

根据贝塞尔函数的性质有[231]

$$\exp\left[i\frac{k\rho r}{B}\cos(\theta-\varphi)\right] = \sum_{l=-\infty}^{\infty}i^l J_l\left(\frac{k\rho r}{B}\right)\mathrm{e}^{il(\theta-\varphi)}$$

(6.5)

$$\int_0^{2\pi}\exp\left[i(l-s)\theta\right]\mathrm{d}\theta = \begin{cases}2\pi & (l=s)\\ 0 & (l\neq s)\end{cases}$$

(6.6)

可以解出式（6.4）中关于 θ 的积分项为

$$\int_0^{2\pi}\exp\left[-is\theta+\frac{ik\rho r\cos(\theta-\varphi)}{R}\right]\mathrm{d}\theta = 2\pi\,(i)^s J_s\left(\frac{k\rho r}{R}\right)\exp(-is\varphi)$$

(6.7)

再根据贝塞尔函数的定积分性质[231]

$$\int_0^{\infty}x^{v+1}\mathrm{e}^{-\beta x^2}L_n^v(\alpha x^2)J_v(yx)\mathrm{d}x = 2^{-v-1}\beta^{-v-n-1}(\beta-\alpha)^n y^v\mathrm{e}^{-\frac{y^2}{4\beta}}L_n^v\left(\frac{\alpha y^2}{4\beta(\alpha-\beta)}\right)$$

(6.8)

可推导并化简，得

$$E_x(\rho,\ \varphi,\ z) = E_0\frac{w_0 z}{wR}\left[\frac{\sqrt{2}\rho}{w}\right]^s\exp\left(-\frac{\rho^2}{w^2}\right)\exp(-is\varphi)L_p^s\left(\frac{2\rho^2}{w^2}\right)$$

$$\times \exp\left[i(2p + s + 1)\arctan\frac{R}{z_0} + i\frac{z_0}{R}\frac{\rho^2}{w^2} - ikR\right] \tag{6.9}$$

其中，$w = w_0\sqrt{1^2 + R^2/z_0^2}$，$z_0 = kw_0^2/2$。

其次，推导 z 方向的电场表达式，把式（6.1）代入式（6.3）得

$$E_z(\rho,\varphi,z) = E_0\frac{i}{\lambda R}\frac{\exp(-ikR)}{R}x\int_0^\infty rL_p^s\left[\left(\frac{\sqrt{2}r}{w_0}\right)^2\right]\exp\left[-\frac{r^2}{w_0^2} - \frac{ikr^2}{2R}\right]\left[\frac{\sqrt{2}r}{w_0}\right]^s$$

$$\times\int_0^{2\pi}\exp\left[-is\theta + \frac{ik\rho r\cos(\theta-\varphi)}{R}\right]d\theta dr$$

$$- E_0\frac{i}{\lambda R}\frac{\exp(-ikR)}{R}\int_0^\infty r^2L_p^s\left[\left(\frac{\sqrt{2}r}{w_0}\right)^2\right]\exp\left[-\frac{r^2}{w_0^2} - \frac{ikr^2}{2R}\right]\left[\frac{\sqrt{2}r}{w_0}\right]^s$$

$$\times\int_0^{2\pi}\cos\theta\exp\left[-is\theta + \frac{ik\rho r\cos(\theta-\varphi)}{R}\right]d\theta dr \tag{6.10}$$

第一项积分式与 E_x 相似，可以得出 E_z 第一项结果为 $\frac{E_x}{-z}x$。

而第二项积分中，

$$\int_0^{2\pi}\cos\theta\exp\left[-is\theta + \frac{ik\rho r\cos(\theta-\varphi)}{R}\right]d\theta = \pi(i)^{s+1}J_{s+1}\left(\frac{k\rho r}{R}\right)\exp\left[-i(s+1)\varphi\right]$$

$$\tag{6.11}$$

再根据拉盖尔函数的性质[231]，并利用式（6.8）

$$L_p^s\left[\left(\frac{\sqrt{2}r}{w_0}\right)^2\right] = L_p^{s+1}\left[\left(\frac{\sqrt{2}r}{w_0}\right)^2\right] - L_{p-1}^{s+1}\left[\left(\frac{\sqrt{2}r}{w_0}\right)^2\right] \tag{6.12}$$

可得出

$$E_z(\rho,\varphi,z) = E_0\frac{w_0}{wR}\left[\frac{\sqrt{2}\rho}{w}\right]^s\exp\left(-\frac{\rho^2}{w^2}\right)\exp(-is\varphi)\exp\left[i(2p+s+1)\arctan\frac{R}{z_0} + i\frac{z_0}{R}\frac{\rho^2}{w^2} - ikR\right]$$

$$\times\left[-\rho\cos\varphi L_p^s\left(\frac{2\rho^2}{w^2}\right) + i\frac{\frac{k\rho}{R}}{4\left(\frac{1}{w_0^2} - \frac{ik}{2R}\right)}L_p^{s+1}\left(\frac{2\rho^2}{w^2}\right)\exp(-i\varphi)\right.$$

$$\left. + i\frac{\frac{k\rho}{R}}{4\left(\frac{1}{w_0^2} + \frac{ik}{2R}\right)}L_{p-1}^{s+1}\left(\frac{2\rho^2}{w^2}\right)\exp(-i\varphi)\right] \tag{6.13}$$

其中，$w = w_0\sqrt{1^2 + R^2/z_0^2}$，$z_0 = kw_0^2/2$。

式（6.9）和式（6.13）是本节推出的一个重要成果，它可以当公式使用。如在傍轴近似下 $R \approx z + \frac{x^2+y^2}{2z}$，式（6.9）和式（6.13）中的指数项 $\exp(-ikR)$ 中的 R 用 $z +$

$\dfrac{x^2 + y^2}{2z}$ 代替，其余的 R 用 z 代替，则式（6.9）和式（6.13）变为

$$E_x = E_0 \frac{w_0}{w_p} \left[\frac{\sqrt{2}\rho}{w_p}\right]^s \exp\left(-\frac{\rho^2}{w_p^2}\right) L_p^s\left(\frac{2\rho^2}{w_p^2}\right) \exp(-is\varphi)$$

$$\times \exp\left[i(2p + s + 1)\arctan\frac{z}{z_0} - i\frac{k\rho^2}{2Q_p(z)} - ikz\right] \tag{6.14}$$

$$E_z(\rho, \varphi, z) = E_0 \frac{w_0}{zw_p}\left[\frac{\sqrt{2}\rho}{w_p}\right]^s \exp\left(-\frac{\rho^2}{w_p^2}\right)\exp(-is\varphi)\exp\left[i(2p + s + 1)\arctan\frac{z}{z_0} - i\frac{k\rho^2}{2Q_p(z)} - ikz\right]$$

$$\times \left[-\rho\cos\varphi L_p^s\left(\frac{2\rho^2}{w^2}\right) + i\frac{\dfrac{k\rho}{z}}{4\left(\dfrac{1}{w_0^2} - \dfrac{ik}{2z}\right)}L_p^{s+1}\left(\frac{2\rho^2}{w_p^2}\right)\exp(-i\varphi)\right.$$

$$\left. + i\frac{\dfrac{k\rho}{z}}{4\left(\dfrac{1}{w_0^2} + \dfrac{ik}{2z}\right)}L_{p-1}^{s+1}\left(\frac{2\rho^2}{w_p^2}\right)\exp(-i\varphi)\right] \tag{6.15}$$

其中，$w_p = w_0\sqrt{1^2 + z^2/z_0^2}$，$z_0 = kw_0^2/2$ 为瑞利距离，$Q_p(z) = z[1 + (z_0/z)^2]$ 为高斯光束的曲率半径，$(2p + s + 1)\arctan z/z_0$ 为古依相移。式（6.15）与式（6.14）相比，可以忽略不计。可以看出式（6.14）所描述的光场与常见傍轴近似下自由空间中传输的拉盖尔-高斯光束的光场完全一致[1]，这也验证通常对涡旋光束的研究是在傍轴近似下进行的。

6.1.2　轨道角动量密度

在傍轴近似下 z 方向的轨道角动量密度分布公式为[1][63]

$$j_z = \frac{i\omega\varepsilon_0}{2}\left[x\left(u^*\frac{\partial u}{\partial y} - u\frac{\partial u^*}{\partial y}\right) - y\left(u^*\frac{\partial u}{\partial x} - u\frac{\partial u^*}{\partial x}\right)\right] \tag{6.16}$$

其中，u 满足 $E_x = u\exp(-ikz)$，把式（6.16）转化成极坐标下

$$j_z = \frac{i\omega\varepsilon_0}{2}\left(u^*\frac{\partial u}{\partial \varphi} - u\frac{\partial u^*}{\partial \varphi}\right) \tag{6.17}$$

把式（6.14）代入式（6.16）可求得在傍轴近似下轨道角动量密度为

$$j_z = \omega\varepsilon_0 l \, |E_x|^2 \tag{6.18}$$

式（6.15）的前提是在傍轴近似下，且其光束的光场表达式中带有 $\exp(-ikz)$ 这一项，而本节研究内容为非傍轴近似，所得光束的光场表达式并不含有 $\exp(-ikz)$，而是 $\exp(-ikR)$，因此式（6.15）不适用非傍轴光束。

由光束的轨道角动量密度的定义式出发并考虑 $E_y = 0$ 可推得沿 z 方向的轨道角动量密度公式为

$$j_z = \frac{\varepsilon_0}{2i\omega}\left[x\left(E_x^* \frac{\partial E_x}{\partial y} - E_x \frac{\partial E_x^*}{\partial y} + E_z^* \frac{\partial E_z}{\partial y} - E_z \frac{\partial E_z^*}{\partial y} \right) - y\left(E_z^* \frac{\partial E_x}{\partial z} - E_z^* \frac{\partial E_x}{\partial z} + E_x^* \frac{\partial E_z}{\partial x} - E_z \frac{\partial E_z^*}{\partial x} \right) \right]$$

$$= \frac{\varepsilon_0}{2i\omega}\left[\begin{array}{l} \cos^2\varphi\left(E_x^* \frac{\partial E_x}{\partial \varphi} - E_x \frac{\partial E_x^*}{\partial \varphi} \right) + \left(E_z^* \frac{\partial E_z}{\partial \varphi} - E_z \frac{\partial E_z^*}{\partial \varphi} \right) \\ + \rho\sin\varphi\cos\varphi\left(E_x^* \frac{\partial E_x}{\partial \rho} - E_x \frac{\partial E_x^*}{\partial \rho} \right) + \rho\sin\varphi\left(E_z^* \frac{\partial E_x}{\partial z} - E_z \frac{\partial E_x^*}{\partial z} \right) \end{array} \right] \tag{6.19}$$

为了简化过程，研究 $p=0$ 时的拉盖尔-高斯光束的轨道角动量密度分布，其光场表达式为

$$E_x(\rho,\varphi,z) = E_0 \frac{w_0 z}{wR}\left[\frac{\sqrt{2}\rho}{w} \right]^s \exp\left(-\frac{\rho^2}{w^2} \right) \exp(-is\varphi)\ \exp\left[i(s+1)\arctan\frac{R}{z_0} + i\frac{z_0}{R}\frac{\rho^2}{w^2} - ikR \right] \tag{6.20}$$

$$E_z(\rho,\varphi,z) = -E_0 \frac{w_0}{wR}\left[\frac{\sqrt{2}\rho}{w} \right]^s \exp\left(-\frac{\rho^2}{w^2} \right) \exp(-is\varphi) \times \exp\left[i(s+1)\arctan\frac{R}{z_0} + i\frac{z_0}{R}\frac{\rho^2}{w^2} - ikR \right]$$

$$\times \left[\rho\cos\varphi - \frac{\rho w_0}{2w}\exp\left(-i\varphi + i\arctan\frac{R}{z_0} \right) \right]$$

$$= u_{Ez}\left[\rho\cos\varphi - \frac{\rho w_0}{2w}\exp\left(-i\varphi + i\arctan\frac{R}{z_0} \right) \right] \tag{6.21}$$

将式（6.20）和式（6.21）代入式（6.19），经过推导可得

$$j_z = \frac{\varepsilon_0}{2i\omega}\left[-i2s\cos^2\varphi\ |E_x|^2 - i2s\ |E_z|^2 + i\ |u_{Ez}|^2 \frac{\rho^2 w_0^2}{2w^2} + \rho\sin\varphi\cos\varphi\left(E_x^* \frac{\partial E_x}{\partial \rho} - E_x \frac{\partial E_x^*}{\partial \rho} \right) \right.$$

$$\left. + \rho\sin\varphi\left(E_z^* \frac{\partial E_x}{\partial z} - E_z \frac{\partial E_x^*}{\partial z} \right) \right] \tag{6.22}$$

式（6.22）的中括号里第二行的 $\frac{\partial E_x}{\partial \rho}$ 和 $\frac{\partial E_x}{\partial z}$ 的形式为解析表达式，然而由于样式非常烦杂，本节不列出。

6.1.3 数值仿真

从式（6.16）可以看出，在傍轴近似下拉盖尔-高斯光束的轨道角动量密度分布图的形状与其光强形状相同，始终为圆环状，不受拓扑荷、束腰半径和传输距离的影响，如图 6.1 所示。拓扑荷 s 越大，圆环半径和最大强度值越大，如图 6.1（b）所示；束腰半径增加，圆环半径也增加，最大强度几乎不变，如图 6.1（c）所示；而随着传输距离增加，圆环半径也增加，但是最大强度值变小，如图 6.1（d）所示。

根据式（6.19），对不同参数下非傍轴拉盖尔-高斯光束的轨道角动量密度分布进行数值仿真。图 6.2 所示为当 s 发生变化时非傍轴拉盖尔-高斯光束的轨道角动量密度分布图，可以看出当 s 较小时，非傍轴轨道角动量密度分布的形状与八卦图有点类似，分成两瓣，

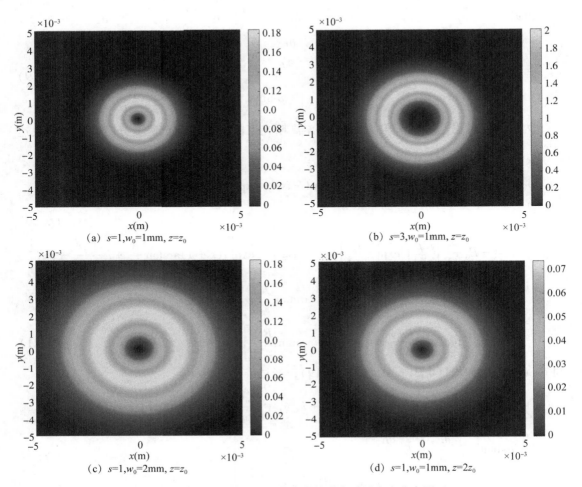

(a) $s=1, w_0=1\text{mm}, z=z_0$　(b) $s=3, w_0=1\text{mm}, z=z_0$

(c) $s=1, w_0=2\text{mm}, z=z_0$　(d) $s=1, w_0=1\text{mm}, z=2z_0$

图 6.1　傍轴近似下 LG 光束的轨道角动量密度分布图

在两瓣中间位置还存在两处小于零的区域。而随着 s 的增加，这两瓣逐渐相连，接近傍轴近似下的圆环状，小于零的区域也消失。只是其强度分布仍旧有些区别，在傍轴近似下光环上的轨道角动量强度处处相同，而非傍轴条件下会有两个强度极值点呈对称分布。另外从图中发现，s 越大，轨道角动量密度的强度越大，且强度最大值点的半径越大，这与傍轴近似拉盖尔-高斯光束的特性相一致。

图 6.3 所示为不同 w_0 时非傍轴拉盖尔-高斯光束的轨道角动量密度分布图，可以看出随着 w_0 增大，轨道角动量密度分布由开始相交的两瓣逐渐分离开，相交处的两个小于零的区域强度绝对值变得更大，而最大强度几乎不发生变化。除此以外，随着 w_0 越大，图形半径更大，与傍轴情况一致，这是由光束的束腰半径 w_0 的意义决定。

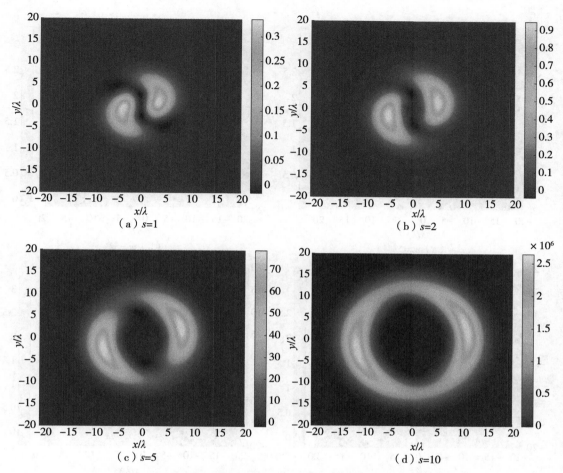

图 6.2　在不同拓扑荷取值下，非傍轴近似下轨道角动量密度分布（ $w_0 = 5\lambda$ ， $z = 10\lambda$ ）

图 6.4 所示为不同 z 时非傍轴拉盖尔-高斯光束的轨道角动量密度分布图，可以看出距离增加对轨道角动量密度形状的影响与束腰半径 w_0 对其影响相似，轨道角动量密度分布由开始相交的两瓣逐渐分离开，相交处的两个小于零的区域强度值变得更小。另外随着 z 增加，图形大小缓慢增加，与傍轴情况相似。与傍轴情况不同的是，轨道角动量密度的最大强度先增加后缓慢减小，该变化趋势如图 6.5 所示。

6.1.4　结论

本节推导了非傍轴近似下拉盖尔-高斯光束的电场传输解析表达式，根据该表达式得出拉盖尔-高斯光束的轨道角动量密度表达式，并通过数值仿真的方法分析拉盖尔-高斯光束的轨道角动量密度分布特性。研究结果表明非傍轴近似下的轨道角动量密度分布与傍轴近似下的不同，傍轴近似下的分布图始终为环形，而在非傍轴近似下基本分为两瓣，每瓣

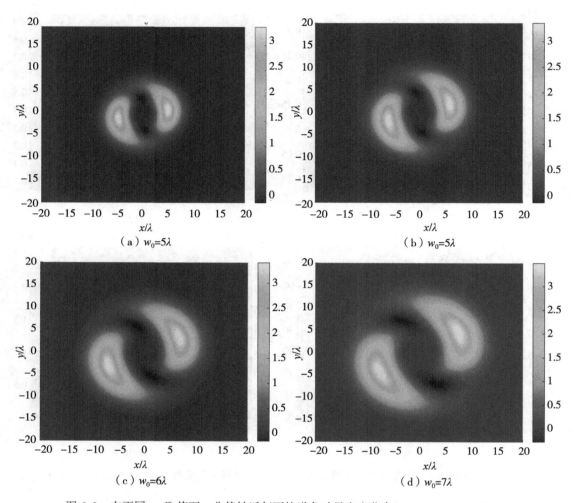

图 6.3　在不同 w_0 取值下，非傍轴近似下轨道角动量密度分布（$s = 3$，$z = 10\lambda$）

会有一个强度极大值点。然而随着拓扑荷的增加，其分布图形与傍轴近似条件下的越接近。另外傍轴近似下拓扑荷、束腰半径、传输距离不会影响轨道角动量密度的形状，而非傍轴近似下轨道角动量密度分布的形状、尺寸和强度都会受上述参数影响。其中图形尺寸会随着三个参数的增加而增加，而其形状会随着拓扑荷的减小，束腰半径和传输距离的增加而逐渐分离成两瓣，并且会出现强度绝对值越来越大的负值区域。对于其最大强度的变化，各参数表现不一，拓扑荷越大，强度越大；传输距离增加，强度先增加后缓慢减小；束腰半径几乎不影响其强度。

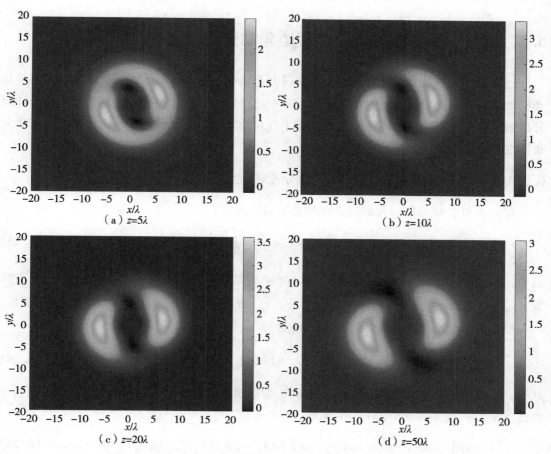

图 6.4 在不同 z 取值下，非傍轴近似下轨道角动量密度分布（$s = 3$，$w_0 = 5\lambda$）

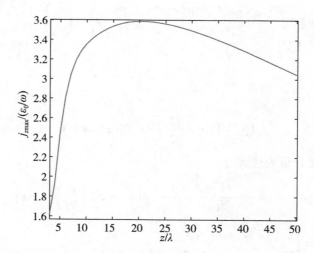

图 6.5 轨道角动量密度的最大值与距离 z 的变化关系（$s = 3$，$w_0 = 5\lambda$）

6.2　反常涡旋光束的光强和轨道角动量

近年来，大多数关于反常涡旋光束的研究都集中在近轴区域[54~57,59,62,63]，本节将推导非傍轴反常涡旋光束的光场解析表达式，并由此得到轨道角动量密度的解析表达式，详细分析拓扑荷、光束阶数、传输距离和束腰半径对反常涡旋光束的光强和轨道角动量密度分布特性的影响。

6.2.1　非傍轴反常涡旋光束的电场分量表达式

在 $z=0$ 处，线偏振反常涡旋光束的光场表达式为

$$\boldsymbol{E}(x_0,\ y_0,\ 0)=E_x(r_0,\ \theta_0,\ 0)\,\boldsymbol{i}=C_0\exp\left[-\left(\frac{r_0}{w_0}\right)^2\right]\left[\frac{r_0}{w_0}\right]^{2n+|m|}\exp(-im\theta_0)\boldsymbol{i}\quad(6.23)$$

其中，$C_0=\sqrt{2^{2n+m+1}P_0/\pi\ \Gamma(2n+m+1)w_0^2}$，$m$ 是拓扑荷，n 是反常涡旋光束的光束阶数，w_0 为束腰半径。$\boldsymbol{i}$ 是 x 方向的单位矢量，r_0，θ_0 分别为极坐标系下的径向和角向坐标。

根据角谱理论[295]，可得 E_x 的矢量角谱为

$$A_x(\rho,\ \varphi)=\frac{1}{\lambda^2}\int_0^{2\pi}\int_0^\infty E_x(r_0,\ \theta_0,\ 0)\exp\left[-ik\rho r_0\cos(\theta_0-\varphi)\right]r_0\mathrm{d}r_0\mathrm{d}\theta_0\quad(6.24)$$

其中，$k=2\pi/\lambda$ 是波数，λ 为波长，ρ 和 θ 为输出平面的径向和角向坐标。

将式（6.23）代入式（6.24），并由[223]

$$\int_0^{2\pi}\exp\left[-im\theta_0-ik\rho r_0\cos(\theta_0-\varphi)\right]\mathrm{d}\theta_0=2\pi\ (-i)^m J_m(k\rho r_0)\exp(-im\varphi)\quad(6.25)$$

可得

$$A_x(\rho,\ \varphi)=\frac{2\pi\ (-i)^m C_0\exp(-im\varphi)}{\lambda^2}\int_0^\infty\exp\left[-\left(\frac{r_0}{w_0}\right)^2\right]\left[\frac{r_0}{w_0}\right]^{2n+|m|}J_m(k\rho r_0)\,r_0\mathrm{d}r_0$$

$$(6.26)$$

引入参量 $f=\dfrac{1}{kw_0}$，再由[223]

$$\int_0^\infty x^{2n+\mu+1}\mathrm{e}^{-x^2}J_\mu\left(2x\sqrt{z}\right)\mathrm{d}x=\frac{n\,!}{2}\mathrm{e}^{-z}z^{\frac{\mu}{2}}L_n^\mu(z)\,(n=0,\ 1,\ \cdots;\ n+\mathrm{Re}\mu>-1)\quad(6.27)$$

得到矢量角谱分量表达式

$$A_x(\rho,\ \varphi)=\frac{(-i)^m a_0 C_0 n\,!}{4\pi f^2}\exp(-im\varphi)\left(\frac{\rho}{2f}\right)^{|m|}\exp\left(-\frac{\rho^2}{4f^2}\right)L_n^{|m|}\left(\frac{\rho^2}{4f^2}\right)\quad(6.28)$$

其中 $a_0=\begin{cases}(-1)^m,&m<0\\1,&m\geqslant0\end{cases}$。

则传输 z 后的电场表达式为

$$E_x(r, \theta, z) = \int_0^{2\pi} \int_0^{\infty} A_x(\rho, \varphi) \exp\{ik[\rho r\cos(\varphi - \theta) + \sqrt{1 - \rho^2} z]\} \rho \, d\rho \, d\varphi \quad (6.29)$$

根据[295][223]

$$\exp(ik\sqrt{1 - \rho^2} z) = \sum_{u=0}^{\infty} \frac{1}{2^u u!} (kz)^{u+1} H_{u-1}^{(1)}(kz) \rho^{2u}, \quad \rho^2 < 1 \quad (6.30)$$

$$H_{u-\frac{1}{2}}^{(1)}(kz) = \sqrt{\frac{2}{\pi(kz)}} i^{-u} \exp(ikz) \sum_{v=0}^{u-1} (-1)^v \frac{(u+v-1)!}{v!(u-v-1)!} \left(\frac{1}{i2kz}\right)^v, \quad u \geqslant 1$$

$$(6.31)$$

$H_{u-1}^{(1)}$ 为第一类 Hankel 函数。

$$\int_0^{2\pi} \exp[-im\varphi + ik\rho r\cos(\varphi - \theta)] \, d\varphi = 2\pi (i)^m J_m(k\rho r) \exp(-im\varphi) \quad (6.32)$$

$$L_n^{|m|}(\rho) = \sum_{l=0}^{n} \frac{(-1)^l}{l!} \binom{n+|m|}{n-l} \rho^l \quad (6.33)$$

则

$$E_x(r, \theta, z) = \sqrt{\frac{\pi}{2}} \frac{a_0 C_0 n!}{f} \exp(-im\theta) \sum_{u=0}^{\infty} \frac{2^u f^{2u}}{u!} (kz)^{u+\frac{1}{2}} H_{u-\frac{1}{2}}^{(1)}(kz) \sum_{s=0}^{n} \frac{(-1)^s}{s!} \binom{n+|m|}{n-s} \times$$

$$\left(\int_0^{\infty} - \int_1^{\infty}\right) \left(\frac{\rho}{2f}\right)^{2u+2s+|m|+1} \exp\left\{-\frac{\rho^2}{4f^2}\right\} J_m(k\rho r) \, d\rho \quad (6.34)$$

当 $n + m/2 \leqslant 15$，对于 $f \leqslant 0.055$，也就是 $w_0 > 2.89\lambda$ 时，式(6.34)的第二项积分 $\left(\int_1^{\infty}\right)$ 可以忽略[295]。当省略第二项可推得非傍轴反常涡旋光束传输的 x 方向电场分量

$$E_x(r, \theta, z) = \frac{\sqrt{\pi}}{2f} C_0 n! \left(\frac{r}{w_0}\right)^{|m|} \exp\left(-\frac{r^2}{w_0^2}\right) \exp(-im\theta) \sum_{s=0}^{n} (-1)^s \binom{n+|m|}{n-s} \times$$

$$\sum_{u=0}^{\infty} \binom{u+s}{u} (2f^2 kz)^{u+\frac{1}{2}} H_{u-\frac{1}{2}}^{(1)}(kz) L_{u+s}^{|m|}\left(\frac{r^2}{w_0^2}\right) \quad (6.35)$$

如果式（6.31）中 $v = 0$ 则

$$H_{u-\frac{1}{2}}^{(1)}(kz) = \sqrt{\frac{2}{\pi(kz)}} i^{-u} \exp(ikz) \quad (6.36)$$

式（6.35）便是傍轴近似解，即

$$E_x^{(0)}(r, \theta, z) = C_0 n! \left(\frac{r}{w_0}\right)^{|m|} \exp\left(-\frac{r^2}{w_0^2}\right) \exp(ikz - im\theta) \sum_{s=0}^{n} (-1)^s \binom{n+|m|}{n-s} \times$$

$$\sum_{u=0}^{\infty} \binom{u+s}{u} (-i2f^2 kz)^u L_{u+s}^{|m|}\left(\frac{r^2}{w_0^2}\right) \quad (6.37)$$

由 [300]

$$\sum_{u=0}^{\infty} \binom{u+s}{u} \left(\frac{2f^2kz}{i}\right)^u L_{u+s}^{|m|}\left(\frac{r^2}{w_0^2}\right) = \exp\left(\frac{-\dfrac{r^2}{w_0^2}}{1+i2f^2kz}\right) (1+i2f^2kz)^{-1-|m|-s} L_s^{|m|}\left(\frac{\dfrac{r^2}{w_0^2}}{1+i2f^2kz}\right)$$

$$(6.38)$$

$$\sum_{s=0}^{n} (-1)^s \binom{n+|m|}{n-s} (1+t)^{-s} L_s^{|m|}\left(\frac{\dfrac{r^2}{w_0^2}}{1+t}\right) = L_s^{|m|}\left(-\frac{\dfrac{r^2}{w_0^2}}{t(1+t)}\right)\left(\frac{t}{1+t}\right)^n \quad (6.39)$$

E_x 的傍轴解为

$$E_x^{(0)}(r,\theta,z) = \frac{C_0 n!}{1+i2f^2kz}\exp(ikz-im\theta)\left(\frac{\dfrac{r}{w_0}}{1+i2f^2kz}\right)^{|m|}\left(\frac{i2f^2kz}{1+i2f^2kz}\right)^n \times$$

$$\exp\left(\frac{-\dfrac{r^2}{w_0^2}}{1+i2f^2kz}\right) L_s^{|m|}\left(\frac{\dfrac{r^2}{w_0^2}}{(-i2f^2kz)(1+i2f^2kz)}\right), \quad (6.40)$$

这与参考文献 [274] 文中式 (4) 一致。根据参考文献 [301]，式 (6.35) 可按 f^2 级数展开为

$$E_x(r,\theta,z) = f^0 E_x^{(0)}(r,\theta,z) + f^2 E_x^{(2)}(r,\theta,z) + \cdots \quad (6.41)$$

接下来推导 z 方向上的电场分量，z 方向的矢量角谱和光场表达式分别为

$$A_z(\rho,\varphi) = -\frac{\rho\cos\varphi A_x(\rho,\varphi)}{\sqrt{1-\rho^2}} \quad (6.42)$$

$$E_z(r,\theta,z) = \int_0^{2\pi}\int_0^{\infty} A_z(\rho,\varphi)\exp\{ik[\rho r\cos(\varphi-\theta)+\sqrt{1-\rho^2}z]\}\rho\,\mathrm{d}\rho\,\mathrm{d}\varphi \quad (6.43)$$

根据[295][223]

$$\int_0^{2\pi}\cos\varphi\exp[i(q-m)\varphi]\,\mathrm{d}\varphi = \begin{cases} \pi, & q=m+1 \\ 0, & q\neq m+1 \end{cases} \quad (6.44)$$

$$\frac{\exp(ik\sqrt{1-\rho^2}z)}{\sqrt{1-\rho^2}} = i\sum_{u=0}^{\infty}\frac{1}{2^u u!}(kz)^{u+1}H_u^{(1)}(kz)\rho^{2u}, \quad \rho^2 < 1 \quad (6.45)$$

经历与上述推导类似的过程，可得非傍轴反常涡旋光束在 z 方向上的电场分量

$$E_z(r,\theta,z) = \frac{\sqrt{\pi}}{2}C_0 n!\left(\frac{r}{w_0}\right)^m \exp\left(-\frac{r^2}{w_0^2}\right)\exp(-im\theta)\sum_{s=0}^{n}(-1)^s\binom{n+m}{n-s}\times$$

$$\sum_{u=0}^{\infty}\binom{u+s}{u}(2f^2kz)^{u+1/2}H_{u+\frac{1}{2}}^{(1)}(kz)\times$$

$$\left[\frac{r}{w_0}\exp(-i\theta)L_{u+s}^{m+1}\left(\frac{r^2}{w_0^2}\right) - (u+s+1)\left(\frac{r}{w_0}\right)^{-1}\exp(i\theta)L_{u+s+1}^{m-1}\left(\frac{r^2}{w_0^2}\right)\right]$$

$$(6.46)$$

6.2.2 轨道角动量表达式

由 z 方向轨道角动量密度表达式可推出[296]

$$
\begin{aligned}
j_z &= \frac{i\varepsilon_0}{4\omega} \left[\begin{array}{l} x\left(E_x^* \dfrac{\partial E_x}{\partial y} - E_x \dfrac{\partial E_x^*}{\partial y} + E_z^* \dfrac{\partial E_z}{\partial y} - E_z \dfrac{\partial E_z^*}{\partial y} \right) \\ - y\left(E_z \dfrac{\partial E_x^*}{\partial z} - E_z^* \dfrac{\partial E_x}{\partial z} + E_z^* \dfrac{\partial E_z}{\partial x} - E_z \dfrac{\partial E_z^*}{\partial x} \right) \end{array} \right] \\
&= \frac{i\varepsilon_0}{4\omega} \left[\begin{array}{l} \cos^2\theta \left(E_x^* \dfrac{\partial E_x}{\partial \theta} - E_x \dfrac{\partial E_x^*}{\partial \theta} \right) + \left(E_z^* \dfrac{\partial E_z}{\partial \theta} - E_z \dfrac{\partial E_z^*}{\partial \theta} \right) \\ + r\sin\theta\cos\theta \left(E_x^* \dfrac{\partial E_x}{\partial r} - E_x \dfrac{\partial E_x^*}{\partial r} \right) + r\sin\theta \left(E_z^* \dfrac{\partial E_x}{\partial z} - E_z \dfrac{\partial E_x^*}{\partial z} \right) \end{array} \right]
\end{aligned}
$$

$$(6.47)$$

其中，ε_0 是真空介电常数，ω 为角频率。将式（6.35）和式（6.46）代入式（6.47），再经过一系列的计算可得非傍轴反常涡旋光束的轨道角动量密度表达式：

$$
j_z = \frac{i\varepsilon_0}{4\omega} \left[-i2m\cos^2\theta \, |E_x|^2 + (E_z^* F_{Z\theta} - E_z F_{Z\theta}^*) + y\left(\frac{E_z^* E_x}{z} - \frac{E_x^* E_z}{z} + E_z^* F - E_z F^* \right) \right]
$$

$$(6.48)$$

其中，

$$
\begin{aligned}
F_{Z\theta} &= \frac{\sqrt{\pi}}{2} C_0 n! \left(\frac{r}{w_0} \right)^m \exp\left(-\frac{r^2}{w_0^2} \right) \exp\left[-im\theta \right] \sum_{s=0}^{n} (-1)^s \binom{n+m}{n-s} \times \sum_{u=0}^{\infty} \binom{u+s}{u} \\
&\quad (2f^2 kz)^{u+1/2} H_{u+\frac{1}{2}}^{(1)}(kz) \left\{ \begin{array}{l} -i(m+1)\dfrac{r}{w_0}\exp[-i\theta] L_{u+s}^{m+1}\left(\dfrac{r^2}{w_0^2} \right) \\ + i(u+s+1)(m-1)\left(\dfrac{r}{w_0} \right)^{-1}\exp[i\theta] L_{u+s+1}^{m-1}\left(\dfrac{r^2}{w_0^2} \right) \end{array} \right\}
\end{aligned}
$$

$$(6.49)$$

$$
\begin{aligned}
F &= \frac{\sqrt{\pi}}{2f} C_0 n! \left(\frac{r}{w_0} \right)^{|m|} \exp\left(-\frac{r^2}{w_0^2} \right) \exp(-im\theta) \sum_{s=0}^{n} (-1)^s \binom{n+|m|}{n-s} \\
&\quad \times \sum_{u=0}^{\infty} \binom{u+s}{u} (2f^2 kz)^{u+1/2} k H_{u-\frac{3}{2}}^{(1)}(kz) L_{u+s}^{|m|}\left(\frac{r^2}{w_0^2} \right)
\end{aligned}
$$

$$(6.50)$$

6.2.3 光强和轨道角动量密度分布

首先根据式（6.35）和式（6.46）对非傍轴反常涡旋光束的光强进行数值仿真。图6.6 所示为不同拓扑荷和光束阶数时非傍轴反常涡旋光束的光强分布图，可以看出非傍轴反常涡旋光束的光强分布仍为环形，光强中心为暗芯分布。而随着拓扑荷和光束阶数增加，光环半径、暗芯面积、最大光强值也增加。该结论与傍轴情况相似。

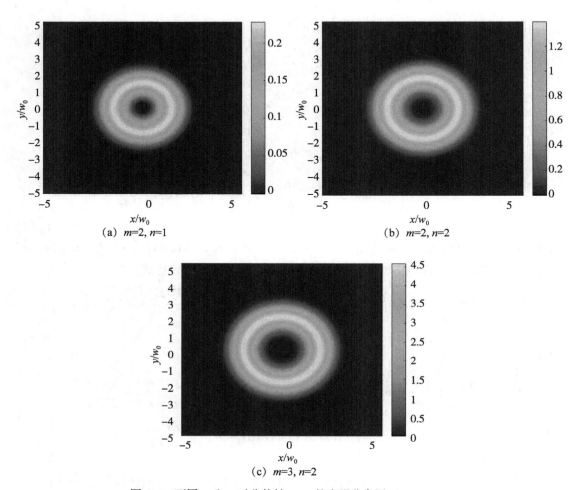

$$(a)\ m=2,\ n=1 \qquad (b)\ m=2,\ n=2$$

$$(c)\ m=3,\ n=2$$

图 6.6　不同 m 和 n 时非傍轴 AVB 的光强分布图（$z=0.4z_0$）

　　图 6.7 为不同传输距离时光强分布图。如图 6.7（a）（b）所示，随着传播距离的增加，"甜甜圈"轮廓扩大，而暗区面积和振幅逐渐减小。当距离较小时，反常涡旋光束仍为单环形状。然而，当距离较大时，我们可以看到复宗量拉盖尔-高斯光束的多环结构（6.7（c）（d））。这可能意味着，不仅在傍轴条件下，而且在非傍轴近似下，反常涡旋光束都可以作为虚拟光源来产生复宗量拉盖尔-高斯光束。值得注意的是，在远场中，傍轴近似条件下的反常涡旋光束演化为复宗量拉盖尔-高斯光束所需的距离比非傍轴近似下更短，这可能是由于非傍轴条件下光束的大发散角造成的。

　　对式（6.48）进行数值仿真得到非傍轴反常涡旋光束的轨道角动量密度分布（图6.8、图6.9）。图6.8表示不同接收平面处的轨道角动量密度分布。当反常涡旋光束靠近源平面时，其轨道角动量密度也为环形分布（图6.8（a）），类似于图6.7（a）中的强

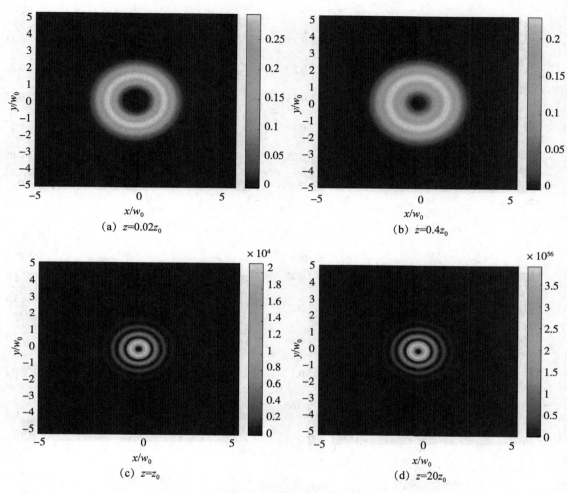

图 6.7 不同传输距离时光强分布图 ($m=2$, $n=1$)

度分布。一种可能的解释是，源平面附近可以被视为傍轴条件。当涡旋光束在近轴近似下传播时，其轨道角动量密度与其强度成正比[63]。随着传播距离的增加，轨道角动量密度呈现出两个对称峰区的椭圆分布。传播时，其轮廓扩张，振幅缓慢降低。在远场中，轨道角动量密度分布也呈现出多环结构（图 6.8（d）），这与图 6.7（d）中的强度分布类似。

这可能是因为渐近表达式 $H_{u-\frac{1}{2}}^{(1)}(kz) = \sqrt{\dfrac{2}{\pi(kz)}} i^{-u} \exp(ikz)$ ($|z| \to \infty$) 与傍轴结果相同（见等式（6.36）），如上所述，轨道角动量密度和近轴涡旋光束的强度成正比。

图 6.9 显示了不同 m 和 n 值下 $z=0.4z_0$ 时的轨道角动量密度分布。图中显示了轨道角动量密度分布图的图形大小、中心暗区面积和振幅随拓扑电荷和光束阶数的增加而增加。值得一提的是，m 越大，轨道角动量密度分布的形状越接近圆环。

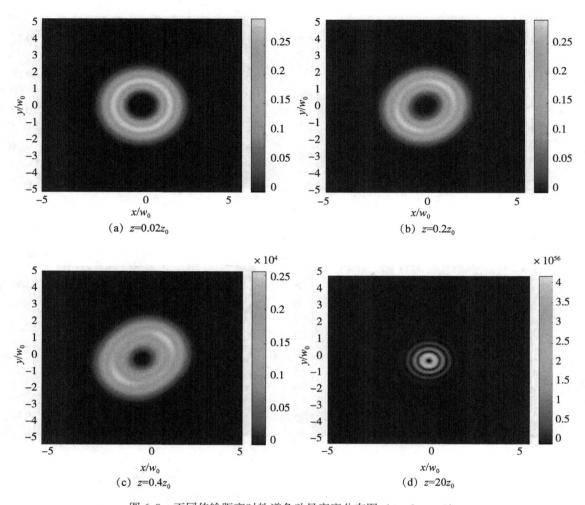

图 6.8　不同传输距离时轨道角动量密度分布图（$m=2$，$n=1$）

6.2.4　结论

　　本节得到了非近轴近似下反常涡旋光束的电场和轨道角动量密度的解析表达式。文中公式为分析和处理反常涡旋光束的传播提供了一种方便的方法。利用这些公式，还研究了拓扑荷、光束阶数、传输距离和束腰半径对光强和轨道角动量密度分布的影响。研究结果表明，反常涡旋光束不仅可以在近轴条件下，而且在非近轴近似下，作为虚拟光源，产生复宗量拉盖尔-高斯光束。此外，非傍轴反常涡旋光束的轨道角动量密度分布为椭圆形。然而，当距离非常小或非常大时，轨道角动量密度分布与标量反常涡旋光束的强度分布相似。计算结果可为反常涡旋光束在光传输和光学微操作中的应用提供参考。

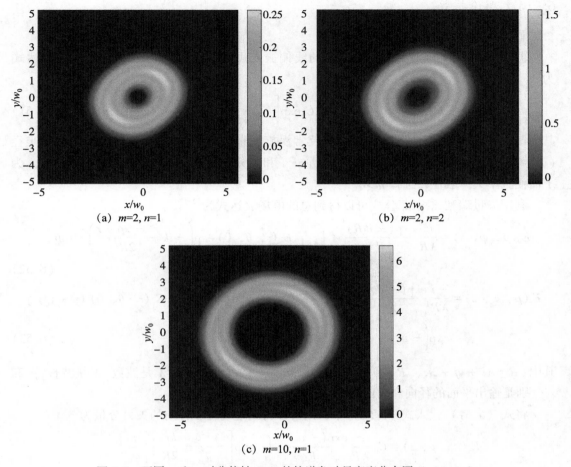

(a) $m=2$, $n=1$ 　　　(b) $m=2$, $n=2$

(c) $m=10$, $n=1$

图 6.9　不同 m 和 n 时非傍轴 AVB 的轨道角动量密度分布图（$z=0.4z_0$）

6.3　反常涡旋光束演变成拉盖尔-高斯光束

由上节可知[273]，在近轴近似之外的远场中，反常涡旋光束也可以变成复宗量拉盖尔-高斯光束。然而，这一结论尚未得到分析验证。此外，由于涉及无穷和，文献[273]中提出的反常涡旋光束的非傍轴表达式并不完美，因为它们不是真正的闭合形式。

本节研究了非傍轴近似下反常涡旋光束的光强和远场分布特性。基于矢量瑞利-索末菲公式，推导了非傍轴近似下反常涡旋光束的电场解析表达式。并通过数值仿真研究了非傍轴反常涡旋光束的光强分布特性和远场特性。详细分析了拓扑荷、光束阶数和自然扩展参数 f 对非傍轴反常涡旋光束传输特性的影响。

6.3.1　理论推导

具体研究过程为:

假设光源位于 $z=0$ 平面, x 方向的线偏振光反常涡旋光束在源平面的电场表达式为

$$\boldsymbol{E}(x_0,\ y_0,\ 0) = E_x(r,\ \theta,\ 0)\boldsymbol{i} = C_0 \exp\left[-\left(\frac{r}{w_0}\right)^2\right]\left[\frac{r}{w_0}\right]^{2n+|m|}\exp(-im\theta)\boldsymbol{i},\quad (6.51)$$

其中, C_0 是常数, m 是拓扑荷, n 是反常涡旋光束的阶数, w_0 是高斯光束的光腰半径 ($m=0$, $n=0$), $\boldsymbol{i}$ 是 x 方向的单位矢量, r 和 θ 分别是输入平面的径向和角向坐标。为了简便且不失一般性, 选择 $m>0$。

利用矢量瑞利-索末菲公式可以得到总的电场表达式为[299]

$$E_x(\rho,\ \varphi,\ z) = \frac{iz}{\lambda R}\frac{\exp(-ikR)}{R}\times\int_0^{2\pi}\int_0^{\infty}E_x(r,\ \theta,\ 0)\exp\left(-ik\frac{r^2-2\boldsymbol{\rho}\cdot\boldsymbol{r}}{2R}\right)r\mathrm{d}r\mathrm{d}\theta,$$

$$(6.52)$$

$$E_z(\rho,\ \varphi,\ z) = \frac{-i}{\lambda R}\frac{\exp(-ikR)}{R}\int_0^{2\pi}\int_0^{\infty}\left[E_x(r,\ \theta,\ 0)(x-x_0)+E_y(r,\ \theta,\ 0)(y-y_0)\right]$$

$$\exp\left(-ik\frac{r^2-2\boldsymbol{\rho}\cdot\boldsymbol{r}}{2R}\right)r\mathrm{d}r\mathrm{d}\theta,\quad (6.53)$$

其中, $\boldsymbol{R}=x\boldsymbol{i}+y\boldsymbol{j}+z\boldsymbol{\kappa}$, $R=\sqrt{x^2+y^2+z^2}=\sqrt{\rho^2+z^2}$, $k=2\pi/\lambda$ 是波数, λ 是波长, ρ 和 φ 分别是输出平面的径向和角向坐标。

将式 (6.51) 代入式 (6.52) 中, 则可以得到电场在 x 方向的矢量分量为

$$E_x(\rho,\ \varphi,\ z) = C_0\frac{iz}{\lambda R}\frac{\exp(-ikR)}{R}\int_0^{\infty}r\exp\left[-\frac{r^2}{w_0^2}-\frac{ikr^2}{2R}\right]\left[\frac{r}{w_0}\right]^{2n+|m|}$$

$$\times\int_0^{2\pi}\exp\left[-im\theta+\frac{ik\rho r\cos(\theta-\varphi)}{R}\right]\mathrm{d}\theta\mathrm{d}r.\quad (6.54)$$

利用以下公式可以求解上述积分。

$$\exp\left[i\frac{k\rho r}{R}\cos(\theta-\varphi)\right] = \sum_{l=-\infty}^{\infty}i^l J_l\left(\frac{k\rho r}{R}\right)\mathrm{e}^{il(\theta-\varphi)},\quad (6.55)$$

$$\int_0^{2\pi}\exp[i(l-m)\theta]\mathrm{d}\theta = \begin{cases}2\pi & (l=m)\\ 0 & (l\neq m)\end{cases},\quad (6.56)$$

$$\int_0^{\infty}x^{2n+\mu+1}\mathrm{e}^{-ax^2}J_{\mu}(2bx)\,\mathrm{d}x = \frac{n!}{2}b^{\mu}a^{-n-\mu-1}\mathrm{e}^{-b^2/a}L_n^{\mu}\left(\frac{b^2}{a}\right),\quad (6.57)$$

其中, J_m 是 m 阶一类贝塞尔函数, L_n^{μ} 是连带拉盖尔多项式。

经过一系列的推导可以得到在非傍轴近似下反常涡旋光束的电场分量 E_x 的解析表达式为

$$E_x(\rho,\ \varphi,\ z) = \frac{iz}{\lambda R}\frac{\exp(-ikR)}{R}C_0 2\pi i^m\exp(-im\varphi)w_0^2\times\frac{n!}{2}\left(\frac{\rho}{2fR}\right)^m$$

$$z_R^{-n-m-1}\exp\left[-\frac{\left(\dfrac{\rho}{2fR}\right)^2}{z_R}\right]L_n^m\left[\frac{\left(\dfrac{\rho}{2fR}\right)^2}{z_R}\right],\tag{6.58}$$

其中,$f = 1/kw_0$ 是自然扩展参数（M. Lax, Physics Review Letters, 1975；J. OU, Journal of Optical Society of American A, 2010），$w = w_0\sqrt{1^2 + R^2/z_0^2}$，$z_0 = kw_0^2/2$ 是瑞利距离。

然后将式（6.51）代入式（6.53）中，经过一系列的推导可以得到在非傍轴近似下反常涡旋光束在 z 方向的电场分量的解析表达式为

$$E_z(\rho,\varphi,z) = \frac{-i}{\lambda R}\frac{\exp(-ikR)}{R}C_0\pi i^m\exp(-im\varphi)w_0^2\frac{n!}{2}\left(\frac{kw_0\rho}{2R}\right)^m z_R^{-n-m-1}$$

$$\times\exp\left[-\frac{\left(\dfrac{kw_0\rho}{2R}\right)^2}{z_R}\right]\left\{2\rho\cos\varphi L_n^m\left[\frac{\left(\dfrac{kw_0\rho}{2R}\right)^2}{z_R}\right]\right.$$

$$-w_0\exp(-i\varphi)\frac{\left(\dfrac{kw_0\rho}{2R}\right)}{z_R}L_n^{m+1}\left[\frac{\left(\dfrac{kw_0\rho}{2R}\right)^2}{z_R}\right]$$

$$\left.-(n+1)w_0\exp(i\varphi)\left(\frac{kw_0\rho}{2R}\right)L_{n+1}^{m-1}\left[\frac{\left(\dfrac{kw_0\rho}{2R}\right)^2}{z_R}\right]\right\}\tag{6.59}$$

利用式（6.58）和式（6.59）可以方便地研究在非傍轴近似下反常涡旋光束的传输特性。上述推导过程中运用了式（6.55）、式（6.57）和式（6.60）

$$\int_0^{2\pi}\cos\varphi\exp[i(q-m)\varphi]\mathrm{d}\varphi = \begin{cases}\pi, & q = m\pm 1\\ 0, & q\neq m\pm 1\end{cases}\tag{6.60}$$

在傍轴近似下，光场的纵向分量可以忽略。将 R 进行泰勒级数展开，并保留前两项可行 $R\approx z + \dfrac{x^2 + y^2}{2z}$，则式（6.58）可以简化至傍轴近似下反常涡旋光束的电场表达式。E_x 的傍轴近似表达式为

$$E_x(\rho,\varphi,z) = \frac{i}{\lambda}\frac{\exp(-ikz)}{z}C_0 2\pi i^m\exp(-im\varphi)w_0^2\times\frac{n!}{2}\left(\frac{kw_0\rho}{2z}\right)^m\left(1 + \frac{ikw_0^2}{2z}\right)^{-n-m-1}$$

$$\times\exp\left[-\frac{\left(\dfrac{kw_0\rho}{2z}\right)^2}{1 + \dfrac{ikw_0^2}{2z}} - ik\frac{\rho^2}{2z}\right]L_n^m\left[\frac{\left(\dfrac{kw_0\rho}{2z}\right)^2}{1 + \dfrac{ikw_0^2}{2z}}\right]\tag{6.61}$$

可以看出上式与 Optics Letters（Y. Yuanjie, 2013）中式（4）相似。
式（6.61）可以写成

$$E_x(\rho,\varphi,z) = C_0 n!\exp(-ikz)i^{m+1}\exp(-im\varphi)\times\frac{z_0}{z}\left(\frac{\rho}{w_0}\frac{z_0}{z}\right)^m\left(1 + \frac{iz_0}{z}\right)^{-n-m-1}$$

$$\times \exp\left[-\frac{\left(\dfrac{\rho}{w_0}\dfrac{z_0}{z}\right)^2}{1+\dfrac{iz_0}{z}}-i\left(\frac{\rho}{w_0}\right)^2\frac{z_0}{z}\right]L_n^m\left[\frac{\left(\dfrac{\rho}{w_0}\dfrac{z_0}{z}\right)^2}{1+\dfrac{iz_0}{z}}\right] \tag{6.62}$$

可以看出该式与 f 无关.

在远场近似下（$z\gg kw_0^2/2$，thus $z_R\approx 1$），式（6.58）可以简化为

$$E_x(\rho,\varphi,z)=\frac{iz}{\lambda R}\frac{\exp(-ikz)}{R}C_0 2\pi i^m\exp(-im\varphi)w_0^2\times\frac{n!}{2}\left(\frac{\rho}{2fR}\right)^m$$
$$\exp\left[-\left(\frac{\rho}{2fR}\right)^2\right]L_n^m\left[\left(\frac{\rho}{2fR}\right)^2\right] \tag{6.63}$$

进一步在傍轴近似下，式（6.63）可以简化为

$$E_x(\rho,\varphi,z)=\frac{i}{\lambda}\frac{\exp(-ikz)}{z}C_0 2\pi i^m\exp(-im\varphi)w_0^2\times\frac{n!}{2}\left(\frac{kw_0\rho}{2z}\right)^m$$
$$\exp\left[-\left(\frac{kw_0\rho}{2z}\right)^2\right]L_n^m\left[\left(\frac{kw_0\rho}{2z}\right)^2\right] \tag{6.64}$$

可以看出上式与 *Optics Letters*（Y. Yuanjie，2013）中式（9）相似。这就是复宗量拉盖尔-高斯光束（Elegant Laguerre-Gaussian Beam，ELGB）的电场表达式。

在式（6.63）中，$fR\approx fz+\dfrac{x^2+y^2}{2\dfrac{z}{f}}$，然后将式（6.63）与式（6.64）进行对比，可以

看出当 f 足够小时，两式相同。这意味着自然扩展参数的大小决定了反常涡旋光束能否在远场进化成为复宗量拉盖尔-高斯光束。

式（6.64）可以写为

$$E_x(\rho,\varphi,z)=-C_0 n!\exp(-ikz)i^{m+1}\exp(-im\varphi)\times\frac{z_0}{z}\left(\frac{\rho}{w_0}\frac{z_0}{z}\right)^m$$
$$\exp\left[-\left(\frac{\rho}{w_0}\frac{z_0}{z}\right)^2\right]L_n^m\left[\left(\frac{\rho}{w_0}\frac{z_0}{z}\right)^2\right] \tag{6.65}$$

该式也与 f 无关。

根据式（6.58）和式（6.59）可以计算出反常涡旋光束的光强 $I=|E_x(\rho,\varphi,z)|^2$，对此式进行数值模拟，便仿真出非傍轴近似下反常涡旋光束的传输特性。

6.3.2　数值仿真

通过使用参考文献[273]中的计算参数，非傍轴反常涡旋光束的强度分布如图 6.10 和 6.11 所示。这表明非傍轴反常涡旋光束仍然遵循暗中芯的环形强度分布。图 6.10 显示了拓扑电荷 m 和光束阶数 n 的不同值的强度分布，图中表明，随着拓扑电荷数或光束阶数的增加，环的半径、中心暗区和强度分布的振幅将变得更大。

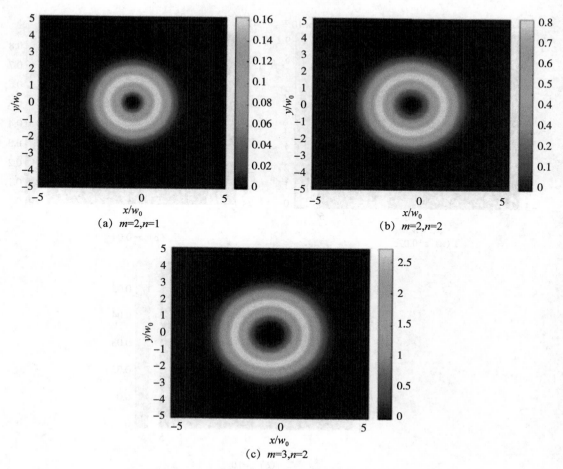

图 6.10　在 $f = 0.08$ 时 AVB 的光强分布随 m 和 n 的变化

　　图 6.11 显示了不同接收面的强度分布。从图 6.11（a）（b）中看到，随着距离增加，"甜甜圈" 轮廓将扩展即其暗中芯区域面积减小，而且振幅也减小。而且当距离较小时，反常涡旋光束仍保持单环形状。需要注意的是，当反常涡旋光束在远场中传播时，在强度分布图中会出现一个复宗量拉盖尔-高斯光束的外环（图 6.11（c））[300]。

　　为了便于比较，我们在图 6.12 中通过使用不同的 m 和 n 值（$f = 0.16$）计算反常涡旋光束的归一化强度分布。如图 6.12（a）（c）所示，随着 m 或 n 的增加，轮廓向外移动。在远场中，m 的增加导致最大振幅半径和暗中芯面积的增加（图 6.12（b））。然而，随着 n 的增加，最大振幅半径减小，而中心暗区的半径保持不变（图 6.12（d））。值得注意的是，当 $m = n = 2$ 时，非傍轴反常涡旋光束的空芯轮廓被一个小的亮环包围。随着拓扑电荷 m 的增加或光束阶数 n 的降低，外环的振幅逐渐减小，最终消失，不再是复宗量拉盖尔 - 高斯光束的光强图样。

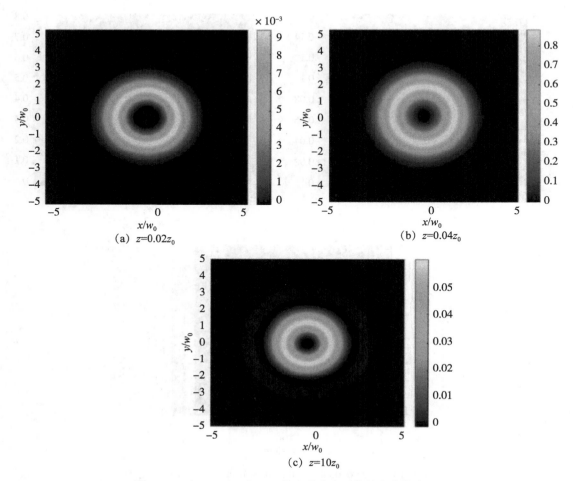

图 6.11　在 $f = 0.08$ 时 AVB 的光强分布随传输距离的变化

　　图 6.13 显示了 $f = 0.16$ 时最大场振幅半径与 m 和 n 的关系。可以看出，最大振幅半径与 m 几乎成正比，而与 n 则不是线性的。当 n 增加时，最大振幅半径在 $z = 0.4z_0$ 时增加，而在 $z = 10z_0$ 时减小。

　　图 6.14 表示分别在 $z = 0.4z_0$ 和 $z = 10z_0$ 时，$m = n = 2$ 的不同 f 值下反常涡旋光束的归一化强度分布。从图 6.14(a) 可以看出，随着自然扩展参数 f 的减小，最大振幅半径增大，光强图扩展，这可能是由于束腰半径 w_0 的增加。根据图 6.14(b)，在远场中，随着 f 升高，外环消失，这说明非傍轴反常涡旋光束在远场能否演化为复宗量拉盖尔 - 高斯光束，取决于 f 的取值。这一发现与前述基于式(6.63) 和式(6.64) 的推导结论一致。此外，当 $f \leqslant 0.03$ 时，强度分布几乎保持不变。这意味着反常涡旋光束在傍轴区域的强度分布不受自然扩展参数 f 的影响，该参数可以从式(6.62) 和式(6.65) 中推断。

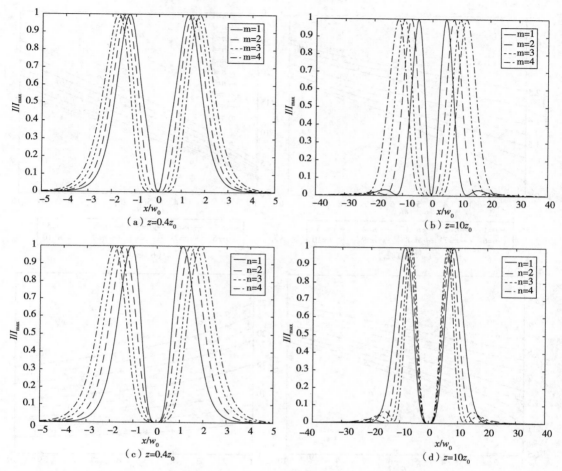

图 6.12 归一化光强在 $f = 0.16$ 时在 $z = 0.4z_0$ 和 $z = 10z_0$ 随 m($n = 2$，上图)，
n($m = 2$，下图) 的变化

图 6.15 显示了自然扩展参数 f 的临界值与 m 和 n 的函数关系。如果 f 大于临界值，反常涡旋光束在远场将不会成为复宗量拉盖尔-高斯光束。可以看出，对于较小的 m 或较大的 n，临界值较大。

图 6.16 显示了反常涡旋光束演变为复宗量拉盖尔-高斯光束时的最小距离随 m 和 n 的变化关系。可以发现，最小距离随着 n 的增加或 m 的减少而减小。

图 6.17 描绘了反常涡旋光束演变成复宗量拉盖尔-高斯光束的最小距离与自然扩展参数 f 之间的关系。结果表明，当自然扩展参数增加时，反常涡旋光束演变成复宗量拉盖尔-高斯光束的最小距离更短。

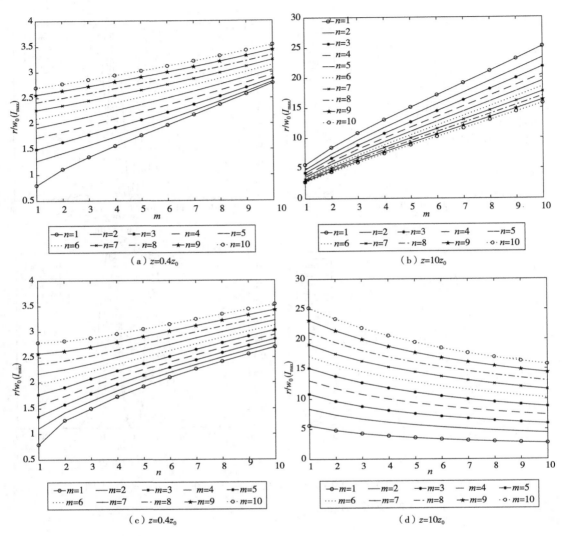

图 6.13　AVB 的最大光强半径在 $f = 0.16$ 时随 z，m，n 的变化

6.3.3　结论

　　研究表明：不是所有的非傍轴反常涡旋光束都可以作为产生复宗量拉盖尔-高斯光束的源。自然扩展参数 f 是决定反常涡旋光束在远场能否演变成为复宗量拉盖尔-高斯光束的一个重要参数。只有当自然扩展参数 f 小于一个临界值时，反常涡旋光束在远场才能演变成为复宗量拉盖尔-高斯光束。而该临界值与拓扑荷和光束阶数有关，拓扑荷越小、光束阶数越大，临界值越大。另外研究显示反常涡旋光束可演变成复宗量拉盖尔-高斯光束的最小距离随自然扩展参数 f 的增大而减小。最大光场振幅半径与拓扑荷近似成正比。研

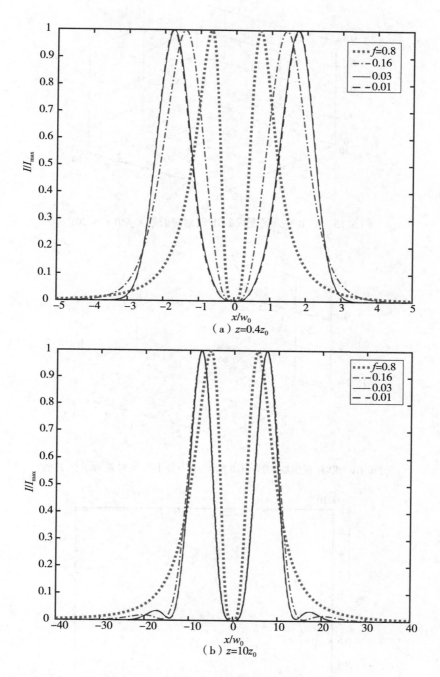

图 6.14 AVB 的归一化光强随 f 的变化

究成果对复宗量拉盖尔-高斯光束的产生具有指导价值，对基于涡旋光束的通信系统具有潜在的应用前景。

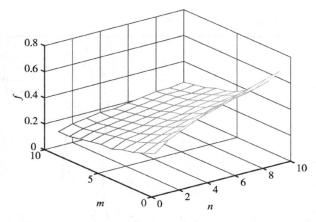

图 6.15　AVB 在远场变成 LGB 时对应的最大 f 值 $z = 20z_0$

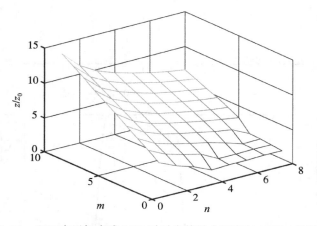

图 6.16　AVB 在远场变成 LGB 时对应的最小距离与 m 和 n 的关系

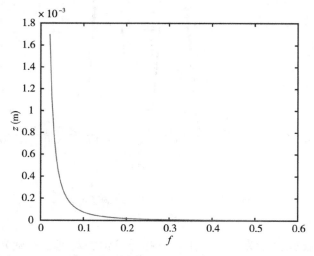

图 6.17　AVB 在远场变成 LGB 时对应的最小距离与 f 的关系

6.4 本章小结

本章研究了非傍轴近似下拉盖尔-高斯光束和反常涡旋光束的传输特性。首先针对非傍轴拉盖尔-高斯光束的轨道角动量密度分布特性进行研究。采用矢量瑞利-索末菲衍射理论推导了非傍轴近似下拉盖尔-高斯光束的电场解析表达式。基于该表达式分别推出傍轴近似和非傍轴近似下的轨道角动量密度的解析表达式。通过数值仿真方法研究傍轴和非傍轴近似下光束的轨道角动量密度分布特性，并分析拓扑荷、束腰半径、传输距离对其的影响。研究表明，非傍轴近似下的轨道角动量密度分布与傍轴近似下的不同，随着拓扑荷的增加，其分布形状与傍轴近似条件下的比较接近。另外，傍轴近似下拓扑荷、束腰半径、传输距离不会影响轨道角动量密度的形状，而非傍轴近似下轨道角动量密度分布的形状、尺寸和强度都会受上述参数影响。

本章还分别采用矢量角谱法和矢量瑞利-索末菲法研究了非傍轴近似下反常涡旋光束的传输特性。先利用矢量角谱法分析了非傍轴近似下反常涡旋光束的光强和轨道角动量密度特性，推导了非傍轴近似下反常涡旋光束的电场解析表达式，并基于该公式，推导了非傍轴反常涡旋光束的轨道角动量密度的解析表达式。通过数值仿真法研究了非傍轴反常涡旋光束的光强和轨道角动量密度分布特性，以及拓扑荷、光束阶数和传输距离对光强和轨道角动量密度的影响。研究表明反常涡旋光束在非傍轴近似下和傍轴近似下具有相似的光强分布特性，而反常涡旋光束的轨道角动量密度分布在两种近似条件下却互不相同。然后基于矢量瑞利-索末菲公式，推导了非傍轴近似下反常涡旋光束的电场解析表达式。并通过数值仿真研究了非傍轴反常涡旋光束的光强分布特性和远场特性，详细分析了拓扑荷、光束阶数和自然扩展参数 f 对非傍轴反常涡旋光束传输特性的影响。研究表明自然扩展参数 f 是决定反常涡旋光束在远场能否演变成为复宗量拉盖尔-高斯光束的一个重要参数。只有当自然扩展参数 f 小于一个临界值时，反常涡旋光束在远场才能演变成为复宗量拉盖尔-高斯光束。而该临界值与拓扑荷和光束阶数有关，拓扑荷越小，光束阶数越大，临界值越大。研究成果对复宗量拉盖尔-高斯光束的产生具有指导价值，对基于涡旋光束的通信系统具有潜在的应用前景。

在分别研究了部分相干和非傍轴特性情况下，有学者研究了两种条件同时出现的情况，即在非傍轴近似下，部分相干拉盖尔-高斯光束和复宗量拉盖尔-高斯光束的特性。东吴大学和洛阳师范学院研究了部分相干拉盖尔-高斯光束和复宗量拉盖尔-高斯光束在非傍轴近似下的传输特性，以及非傍轴多色部分相干拉盖尔-高斯光束和复宗量拉盖尔-高斯光束的频移特性。其中其部分相干性用交叉谱密度公式描述，而非傍轴传输表达式采用广义瑞利-索末菲公式来进行推导[45]。针对非傍轴部分相干反常涡旋光束的传输特性也值得深入研究。

参 考 文 献

［1］ Allen L, Beijersbergen M, Spreeuw R et al. Orbital angular momentum of light and the transformation of Laguerre-Gaussian laser modes ［J］. Physical Review A. 1992, 45 （11）: 8185-8189.

［2］ 高春清, 付时尧. 涡旋光束 ［M］. 北京: 清华大学出版社, 2019.

［3］ Therese Anita G, Umamageswari N, Prabakaran K et al. Effect of coma on tightly focused cylindrically polarized vortex beams ［J］. Optics & Laser Technology, 2016, 76: 1-5.

［4］ Padgett M, Courtial J, Allen L. Light's orbital angular momentum ［J］. Physics Today, 2004, 57 （5）: 35-40.

［5］ Mair A, Vaziri A, Weihs G, et al. Entanglement of the orbital angular momentum states of photons ［J］. Nature, 2001, 412 （6844）: 313.

［6］ Gibson G, Courtial J, Padgett M J, et al. Free-space information transfer using light beams carrying orbital angular momentum ［J］. Optics Express, 2004, 12 （22）: 5448-5456.

［7］ Anguita J, Neifeld M, Vasic B. Turbulence-induced channel crosstalk in an orbital angular momentum-multiplexed free-space optical link ［J］. Applied Optics, 2008, 47 （13）: 2414-2429.

［8］ Molina-Terriza G, Rebane L, Torres J, et al. Probing canonical geometrical objects by digital spiral imaging ［J］. Journal of European Optical Society- Rapid Publications, 2007, 2: 07014.

［9］ O'Neil A, Padgett M. Axial and lateral trapping efficiency of Laguerre-Gaussian modes in inverted optical tweezers ［J］. Optics Communications, 2001, 193 （1-6）: 45-50.

［10］ Willner AE, Huang H, Yan Y, et al. Optical communications using orbital angular momentum beams ［J］. Advances in Optics and Photonics, 2015, 7 （1）: 66-106.

［11］ Zhu Y, Zhang Y X, Hu Z D. Spiral spectrum of Airy beams propagation through moderate-to-strong turbulence of maritime atmosphere ［J］. Optics Express, 2016, 24 （10）: 11.

［12］ Saito A, Tanabe A, Kurihara M, et al. Propagation properties of quantized Laguerre-Gaussian beams in atmospheric turbulence ［R］ In: Hemmati H, Boroson DM, eds. Free-Space Laser Communication and Atmospheric Propagation Xxviii. Bellingham: Spie-Int Soc Optical Engineering; 2016: 973914.

［13］ Banakh V A, Falits A V. Turbulent broadening of Laguerre-Gaussian beam in the atmosphere ［J］. Optics and Spectroscopy, 2014, 117 （6）: 942-948.

［14］ Yu J Y, Chen Y H, Cai Y J. Nonuniform Laguerre-Gaussian correlated beam and its propagation properties [J]. Acta Physica Sinica, 2016, 65 (21): 11.

[15] Zhou Y, Yuan Y, Qu J, et al. Propagation properties of Laguerre-Gaussian correlated Schell-model beam in non-Kolmogorov turbulence [J]. Optics Express, 2016, 24 (10): 10682-10693.

[16] Yang Z, Magana-Loaiza O S, Mirhosseini M, et al. Digital spiral object identification using random light [J]. Light-Science & Applications, 2017, 6: 1-5.

[17] Tang J, Ming Y, Hu W, et al. Spiral holographic imaging through quantum interference [J]. Applied Physics Letters, 2017, 111 (1): 011105.

[18] Willner AE, Wang J, Huang H. A Different Angle on Light Communications [J]. Science, 2012, 337 (6095): 655-656.

[19] Wang J, Yang J-Y, Fazal I M, et al. Terabit free-space data transmission employing orbital angular momentum multiplexing [J]. Nature Photonics, 2012, 6 (7): 488-496.

[20] Trichili A, Ben Salem A, Dudley A, et al. Encoding information using Laguerre Gaussian modes over free space turbulence media [J]. Optics Letters, 2016, 41 (13): 3086-3089.

[21] Anita GT, Umamageswari N, Prabakaran K, et al. Effect of coma on tightly focused cylindrically polarized vortex beams [J]. Optics and Laser Technology, 2016, 76: 1-5.

[22] Torner L, Torres J, Carrasco S. Digital spiral imaging [J]. Optics Express, 2005, 13 (3): 873-881.

[23] 江月松, 王帅会, 欧军, 等. 基于拉盖尔-高斯光束的通信系统在非 Kolmogorov 湍流中传输的系统容量 [J]. 物理学报, 2013, 62 (21): 214201-214201.

[24] 陈理想, 张远颖. 光子高阶轨道角动量制备、调控及传感应用研究进展 [J]. 物理学报, 2015, 64 (16): 164210-164210.

[25] Zhou W J, Liu A X, Huang X W, et al. Propagation dynamics of Laguerre-Gaussian beams in the fractional Schrodinger equation with noise disturbance [J]. Journal of the Optical Society of America a-Optics Image Science and Vision, 2022, 39 (4): 736-743.

[26] Zhang Y, Ke C H, Xie Y C, et al. Experimental investigation of LG beam propagating in actual atmospheric turbulence [J]. Results in Physics, 2022, 35.

[27] Volyar A, Abramochkin E, Akimova Y A, et al. Control of the orbital angular momentum via radial numbers of structured Laguerre-Gaussian beams [J]. Optics Letters, 2022, 47 (10): 2402-2405.

[28] Uesugi Y, Kozawa Y, Sato S. Properties of electron lenses produced by ponderomotive potential with Bessel and Laguerre-Gaussian beams [J]. Journal of Optics, 2022, 24 (5).

[29] Suo Q B, Han Y P, Cui Z W. The propagation properties of a Laguerre-Gaussian beam in nonlinear plasma [J]. Optical and Quantum Electronics, 2022, 54 (6).

[30] Minoofar A, Su X Z, Zhou H B, et al. Experimental Demonstration of Sub-THz Wireless Communications Using Multiplexing of Laguerre-Gaussian Beams When Varying two

Different Modal Indices [J]. Journal of Lightwave Technology, 2022, 40 (10): 3285-3292.

[31] Chen L, Liu Y, Zhao L, et al. Generation and conversion of a dual-band Laguerre-Gaussian beam with different OAM based on a bilayer metasurface [J]. Optical Materials Express, 2022, 12 (3): 1163-1173.

[32] Zhang H R, Li J S, Chen Y Y. Focusing properties of power order space-variant phase modulate Bessel-Gaussian vortex beam [J]. Optik, 2022, 249.

[33] Yang K B, Wu Z K, Zhang Y G, et al. Modified Bessel-Gaussian Vortex Beam with an Adjustable Broken Opening [J]. Annalen Der Physik, 2022, 534 (1).

[34] Wang X W, Yuan J P, Wang L R, et al. Enhanced frequency up-conversion based on four-wave mixing assisted by a Bessel-Gaussian beam in Rb-85 atoms [J]. Optics and Laser Technology, 2022, 149.

[35] Shi C G, Cheng M J, Guo L X, et al. Attenuation characteristics of Bessel Gaussian vortex beam by a wet dust particle [J]. Optics Communications, 2022, 514.

[36] Li J S, Zhang H R, Chen Y Y, et al. Tightly focusing properties of chirped phase modulate Bessel-Gaussian beam [J]. Optik, 2022, 260.

[37] Endale G, Mohan D, Yadav S. Focusing of radially polarized bessel gaussian and hollow gaussian beam of high NA to achieve super resolution [J]. Optik, 2022, 253.

[38] Berskys J, Orlov S. Spherically polarized vector Bessel vortex beams [J]. Physical Review A, 2022, 105 (1).

[39] Cheng M J, Guo L X, Li J T, et al. Propagation of an optical vortex carried by a partially coherent Laguerre-Gaussian beam in turbulent ocean [J]. Applied Optics, 2016, 55 (17): 4642-4648.

[40] Xu Y G, Li Y D, Dan Y Q, et al. Propagation based on second-order moments for partially coherent Laguerre-Gaussian beams through atmospheric turbulence [J]. Journal of Modern Optics, 2016, 63 (12): 1121-1128.

[41] Phillips R L, Andrews L C. Spot size and divergence for Laguerre Gaussian beams of any order [J]. Appl. Opt. 1983, 22 (5): 643-644.

[42] Beijersbergen M, Allen L, van der Veen H, et al. Astigmatic laser mode converters and transfer of orbital angular momentum [J]. Optical communications. 1993, 96 (1-3): 123-132.

[43] Takenaka T, Yokota M, Fukumitsu O. Propagation of light beams beyond the paraxial approximation [J]. Journal of the Optical Society of America A. 1985, 2 (6): 826-829.

[44] Xu Y G, Tian H H, Feng H, et al. Propagation factors of standard and elegant Laguerre Gaussian beams in non-Kolmogorov turbulence [J]. Optik, 2016, 127 (22): 10999-11008.

[45] Zhang Y T, Liu L, Wang F, et al. Average intensity and spectral shifts of a partially coherent standard or elegant Laguerre-Gaussian beam beyond paraxial approximation [J].

Optical and Quantum Electronics, 2014, 46 (2): 365-379.

[46] Xu H F, Luo H, Cui Z F, et al. Polarization characteristics of partially coherent elegant Laguerre-Gaussian beams in non-Kolmogorov turbulence [J]. Optics and Lasers in Engineering, 2012, 50 (5): 760-766.

[47] Zhong Y, Cui Z, Shi J, et al. Polarization properties of partially coherent electromagnetic elegant Laguerre-Gaussian beams in turbulent atmosphere [J]. Applied Physics B, 2011, 102 (4): 937-944.

[48] Saghafi S, Sheppard C J R. Near field and far field of elegant Hermite-Gaussian and Laguerre-Gaussian modes [J]. Journal of Modern Optics. 1998, 45 (10): 1999-2009.

[49] Martinez-Castellanos I, Gutierrez-Vega J C. Vortex structure of elegant Laguerre-Gaussian beams of fractional order [J]. Journal of the Optical Society of America a-Optics Image Science and Vision, 2013, 30 (11): 2395-2400.

[50] Nasalski W. Vortex and anti-vortex compositions of exact elegant Laguerre-Gaussian vector beams [J]. Applied Physics B Lasers & Optics, 2014, 115 (2): 155-159.

[51] Lopez-Mago D, Davila-Rodriguez J, Gutierrez-Vega J C. Derivatives of elegant Laguerre-Gaussian beams: vortex structure and orbital angular momentum [J]. Journal of Optics, 2013, 15 (12).

[52] Zhou Y, Yuan YS, Qu J, et al. Propagation properties of Laguerre-Gaussian correlated Schell-model beam in non-Kolmogorov turbulence [J]. Optics Express, 2016, 24 (10): 12.

[53] 任程程, 杜玉军, 吕宏, 等. 弱湍流大气中部分相干涡旋光束的轨道角动量特性 [J]. 激光与红外, 2019, 49 (11): 1311-1316.

[54] Yuanjie Y, Yuan D, Chengliang Z, et al. Generation and propagation of an anomalous vortex beam [J]. Optics Letters, 2013, 38 (24): 5418-5421.

[55] Yuan Y, Yang Y. Propagation of anomalous vortex beams through an annular apertured paraxial ABCD optical system [J]. Optical and Quantum Electronics, 2015, 47 (7): 2289-2297.

[56] Xu Y, Wang S. Characteristic study of anomalous vortex beam through a paraxial optical system [J]. Optics Communications, 2014, 331 (22): 32-38.

[57] Zhang D, Yang Y. Radiation forces on Rayleigh particles using a focused anomalous vortex beam under paraxial approximation [J]. Optics Communications, 2015, 336 (336): 202-206.

[58] Zhang M, Yang Y. Tight focusing properties of anomalous vortex beams [J]. Optic, 2018, 154: 133-138.

[59] Dai Z, Yang Z, Zhang S, et al. Propagation of anomalous vortex beams in strongly nonlocal nonlinear media [J]. Optics Communications, 2015, 350: 19-27.

[60] Yang Z F. Characteristics of off-waist incident anomalous vortex beams in highly nonlocal media [J]. Results in Physics, 2017, 7: 4337-4339.

［61］ Yang Z J, Yang Z F, Li J X, et al. Interaction between anomalous vortex beams in nonlocal media ［J］. Results in Physics, 2017, 7: 1485-1486.

［62］ Dai Z P, Yang Z F, Yang Z J, et al. Numerical Simulation of Anomalous Vortex Beams on Different Fractional Fourier Transform Planes ［J］. Applied Mechanics & Materials, 2014, 556-562: 3745-3748.

［63］ Zhao C, Wang X, Zhao C, et al. Statistical properties of an anomalous hollow beam with orbital angular momentum ［J］. Journal of Modern Optics, 2015, 62 (3): 179-185.

［64］ Durnin J. Exact solutions for nondiffracting beams. I. The scalar theory ［J］. Journal of the Optical Society of America A. 1987, 4 (4): 651-654.

［65］ Gori F, Guattari G, Padovani C. Bessel-Gauss beams ［J］. Optics Communications. 1987, 64 (6): 491-495.

［66］ Volke-Sepulveda K, Garces-Chavez V, Chavez-Cerda S, et al. Orbital angular momentum of a high-order Bessel light beam ［J］. Journal of Optics B-Quantum and Semiclassical Optics, 2002, 4 (2): S82-S89.

［67］ Yang Y, Zhu X, Zeng J, et al. Anomalous Bessel vortex beam: modulating orbital angular momentum with propagation ［J］. Nanophotonics, 2018, 7 (3).

［68］ Soskin M, Gorshkov V, Vasnetsov M, et al. Topological charge and angular momentum of light beams carrying optical vortices ［J］. Physical Review A. 1997, 56 (5): 4064-4075.

［69］ Basistiy I, Bazhenov V, Soskin M, et al. Optics of light beams with screw dislocations ［J］. Optics Communications. 1993, 103 (5-6): 422-428.

［70］ B. Ya. Zel. dovich, N. F. Pilipetskiy, Shkunov VV. Principles of phaseconjugation ［J］. Springer Series Optics Science. 1985, 42.

［71］ Alexeyev A, Fadeyeva T, Volyar A, et al. Optical vortices and the flow of their angular momentum in a multimode fiber ［J］. Semiconductor Physics, Quantum Electronics and Optoelectronics. 1998, 1 (1): 82-89.

［72］ Fadeyeva T, Reshetnikoff S, Volyar A. Guided optical vortices and their angular momentum in low-mode fibers ［J］. In 1998 SPIE; 1998: 59.

［73］ Lee H, Dashti P, Alhassen F. Generation of orbital vortices in optical fiber via acousto-optic interaction ［J］. LEOS Summer Topical Meetings, 2006 Digest of the, 2006: 44-45.

［74］ Dashti P, Alhassen F, Lee H. Transfer of orbital angular momentum between acoustic and optical vortices in optical fiber ［C］. National Fiber Optic Engineers Conference, IEEE. 2006. DOI: 10. 1109/OFC. 2006. 215968.

［75］ Godbout N, Leduc M, Lacroix S. Photons with an orbital angular momentum generated in an optical fiber ［J］. In: Quantum Electronics and Laser Science Conference, 2005. QELS'05; 2005; 2005, 722: 720-722 Vol. 722.

［76］ Poole C, Townsend C, Nelson K. Helical-grating two-mode fiber spatial-mode coupler ［J］. Lightwave Technology, Journal of. 1991, 9 (5): 598-604.

［77］ Hisatomi M, Parker M, Walker S. Singular optical fibre featuring refractive index dislocation for chiral waveguiding of high orbital angular momentum light ［C］//2005 Pacific Rim Conference on Lasers & Electro-Optics. 2005：959-960.

［78］ McGloin D, Simpson N, Padgett M. Transfer of orbital angular momentum from a stressed fiber-optic waveguide to a light beam ［J］. Applied Optics. 1998, 37：469-472.

［79］ Kumar R, Singh Mehta D, Sachdeva A, et al. Generation and detection of optical vortices using all fiber-optic system ［J］. Optics Communications, 2008, 281（13）：3414-3420.

［80］ Volyar A. Fiber-optical vortices：physical properties and applications. In；2002：197-202.

［81］ L Allen, Stephen M Barnett, Padgett M J. Optical Angular Momentum ［J］. Institute of Physics Publishing, 2003.

［82］ Allen L, Padgett MJ, Babiker M. The Orbital Angular Momentum of Light ［J］. In：Wolf E, ed. Progress in Optics：Elsevier；1999：291-372.

［83］ Padgett MJ. Orbital angular momentum 25 years on Invited ［J］. Optics Express, 2017, 25（10）：11265-11274.

［84］ O'Neil AT, MacVicar I, Allen L, et al. Intrinsic and extrinsic nature of the orbital angular momentum of a light beam ［J］. Physical Review Letters, 2002, 88（5）：053601.

［85］ Padgett M, Allen L. The Poynting vector in Laguerre-Gaussian laser modes ［J］. Optics Communications. 1995, 121（1-3）：36-40.

［86］ Allen L, Padgett M. The Poynting vector in Laguerre-Gaussian beams and the interpretation of their angular momentum density ［J］. Optics Communications, 2000, 184（1-4）：67-71.

［87］ Franke-Arnold S, Barnett S, Yao E, et al. Uncertainty principle for angular position and angular momentum ［J］. New Journal of Physics, 2004, 6（1）：103.

［88］ Soskin M S, Vasnetsov M V. Singular optics ［R］. In：Wolf E, ed. Progress in Optics：Elsevier；2001：219-276.

［89］ Ly C, Testorf M, Mait J. Range detection through the atmosphere using Laguerre-Gaussian beams ［R］. In：Victor LG, Paul SI, Marija SS, editors. ；2006：SPIE；2006：630704.

［90］ 刘义东, 高春清, 高明伟, 等. 利用光束的轨道角动量实现高密度数据存储的机理研究 ［J］. 物理学报, 2007, 56（2）：854-858.

［91］ Zambrini R, Barnett S. Quasi-Intrinsic Angular Momentum and the Measurement of Its Spectrum ［J］. Physical Review Letters, 2006, 96（11）：113901-113901-113904.

［92］ Nye JF, Berry MV. Dislocations in Wave Trains ［J］. Proceedings of the Royal Society of London. A. Mathematical and Physical Sciences. 1974, 336（1605）：165-190.

［93］ Barnett SM, Allen L. Orbital angular momentum and nonparaxial light beams ［J］. Optics Communications. 1994, 110（5-6）：670-678.

［94］ He H, Friese M, Heckenberg N, et al. Direct observation of transfer of angular momentum to absorptive particles from a laser beam with a phase singularity ［J］. Physical Review

Letters. 1995, 75（5）：826-829.

［95］ Simpson N, Dholakia K, Allen L, et al. Mechanical equivalence of spin and orbital angular momentum of light：an optical spanner ［J］. Optics Letters. 1997, 22（1）：52-54.

［96］ Courtial J, Robertson D, Dholakia K, et al. Rotational Frequency Shift of a Light Beam ［J］. Physical Review Letters. 1998, 81（22）：4828-4830.

［97］ Ni Y Z, Zhou G Q. Propagation of a Lorentz-Gauss vortex beam through a paraxial ABCD optical system ［J］. Optics Communications. 291：19-25.

［98］ Molina-Terriza G, Torres J, Torner L. Management of the Angular Momentum of Light：Preparation of Photons in Multidimensional Vector States of Angular Momentum ［J］. Physical Review Letters, 2002, 88（1）：13601.

［99］ Battersby S. Twisting The Light Away ［J］. NewScientist, 2004, 12：36-40.

［100］ 冯强. 涡旋电磁波产生与接收的理论和方法研究 ［D］. 西安：西安电子科技大学, 2021.

［101］ 袁铁柱. 涡旋电磁波在雷达成像中的应用研究 ［D］. 长沙：中国人民解放军国防科技大学, 2017.

［102］ 陈亚南. 涡旋电磁波的产生、接收与成像应用研究 ［D］. 合肥：中国科学院大学（中国科学院国家空间科学中心）, 2017.

［103］ 郭忠义, 王运来, 汪彦哲, 等. 涡旋雷达成像技术研究进展 ［J］. 雷达学报, 2021, 10（05）：665-679.

［104］ 曾彦志. 电磁涡旋雷达目标成像技术研究 ［D］. 重庆：重庆邮电大学, 2021.

［105］ 仝宗俊. 基于涡旋电磁波的高分辨率 SAR 成像技术研究 ［D］. 包头：内蒙古科技大学, 2020.

［106］ 王建秋. 基于涡旋电磁波的 SAR 成像技术研究 ［D］. 长沙：中国人民解放军国防科技大学, 2019.

［107］ 刘康. 电磁涡旋成像理论与方法研究 ［D］. 长沙：中国人民解放军国防科技大学, 2017.

［108］ 梁利萍. 基于涡旋电磁波的无线通信抗干扰技术研究 ［D］. 西安：西安电子科技大学, 2021.

［109］ Robbert Jan Voogd, Mandeep Singh, Silvania F. Pereira, et al. The use of orbital angular momentum of light beams for super-high density optical data storage ［J］. In：proceedings of SPIE, 2004：387-392.

［110］ Voogd R, Singh M, Braat J. The use of orbital angular momentum of light beams for optical data storage ［J］. In：Proceeding of SPIE, 2004. 2004：387-392.

［111］ Graham Gibson I, Courtial J, Vasnetsov M, et al. Increasing the data density of free-space optical communications using orbital angular momentum ［J］. In：Proceedings of SPIE, 2004：SPIE, 2004：367.

［112］ Padgett M, Courtial J. Poincaré-sphere equivalent for light beams containing orbital angular momentum［J］. Optics Letters. 1999, 24（7）: 430-432.

［113］Testorf M, Ly C, Mait J. Imaging with singular electromagnetic beam［J］. In, 2006, 2006: 631605.

［114］Anzolin G. Astronomical applications of optical vortices［D］. Veneto: University of Padova, 2009.

［115］Mohammadi S M, Daldorff L K S, Bergman J E S, et al. Orbital Angular Momentum in Radio—A System Study［J］. IEEE Transactions on Antennas & Propagation, 2010, 58（2）: 565-572.

［116］Petrov D, Rahuel N, Molinaterriza G, et al. Characterization of dielectric spheres by spiral imaging［J］. Optics Letters, 2012, 37（5）: 869-871.

［117］Petrov D, Rahuel N, Torner L. Spiral imaging of a sphere［J］. In: Complex Light and Optical Forces IV, 2010: 76130C.

［118］Chen L X, Lei J, Romero J. Quantum digital spiral imaging［J］. Light-Science & Applications, 2014: 3.

［119］赵应春, 张秀英, 袁操今, 等. 基于涡旋光照明的暗场数字全息显微方法研究［J］. 物理学报, 2014, 63（22）: 178-183.

［120］张秀英. 几种特殊光束在暗场数字全息显微成像中的应用研究［D］. 南京: 南京师范大学, 2015.

［121］Guo L X, Huang Q, Cheng M, et al. Remote sensing for aerosol particles in marine atmosphere using scattering of optical vortex［C］. In: Huang B, Lopez S, Wu Z, et al., editors. High-Performance Computing in Geoscience and Remote Sensing Ⅶ, 2017; Warsaw（PL）, 2017: 104300M.

［122］Liu K, Cheng Y, Gao Y, et al. Super-resolution radar imaging based on experimental OAM beams［J］. Applied Physics Letters, 2017, 110（16）.

［123］王思育. 基于涡旋光相移干涉的物体表面形貌测量研究［D］. 太原: 中北大学, 2020.

［124］Sato S, Fujimoto I, Kurihara T, et al. Remote six-axis deformation sensing with optical vortex beam［C］. In: Mecherle S, editor. Free-Space Laser Communication Technologies Xx, 2008: SPIE, 2008: I8770-I8770.

［125］Fujimoto I, Sato S, Kim M, Y, et al. Optical vortex beams for optical displacement measurements in a surveying field［J］. Measurement Science & Technology, 2011, 22（10）.

［126］Ando S, Sato S, Kurihara T. Real-time tracking experiment of higher-order Laguerre-Gaussian beam for remote six-axis deformation sensing［C］. In: Sixth International Conference on Networked Sensing Systems, 2010. Pittsburgh: IEEE, 2010: 1-4.

［127］Yulan Q, Kurihara T, Ando S. Remote full-axis deformation sensing using multi-zeros optical beam: Interference of two multi-zeros beam［C］. In: 2011 International Conference on Space Optical Systems and Applications（ICSOS）, 11-13 May. 2011:

228-231.

[128] Xiao S X, Zhang L D, Wei D, et al. Orbital angular momentum-enhanced measurement of rotation vibration using a Sagnac interferometer [J]. Optics Express, 2018, 26 (2): 1997-2005.

[129] 史凯, 张新宇, 孙平. 利用计算全息光栅产生的涡旋光测量物体变形 [J]. 山东科学, 2017, 30 (2): 61-66.

[130] 孙平, 李兴龙, 孙海滨, 等. 涡旋光的干涉特性及其在变形测量中的应用 [J]. 光子学报, 2014, 43 (9): 136-140.

[131] 孙海滨, 孙平. 涡旋光用于物体面内位移变形测量的模拟 [J]. 光电子·激光, 2014, 25 (11): 2252-2258.

[132] 孙海滨, 孙平. 基于光学涡旋相移技术的离面位移测量 [J]. 光子学报, 2016, 45 (11): 141-145.

[133] 李兴龙. 无阈值窗口傅里叶变换滤波方法及涡旋光在变形测量中的应用 [D]. 济南: 山东师范大学, 2014.

[134] 史凯. 光学涡旋产生与变形测量 [D]. 济南: 山东师范大学, 2017.

[135] Zhang X Y, Hu C H, Sun P. Simulation of optical vortex measurement for out-of-plane displacement by using fringe-based optical-flow [J]. Optic, 2019, 185: 1071-1079.

[136] 夏豪杰, 谷容睿, 潘成亮, 等. 涡旋光位移干涉测量方法与信号处理 [J]. 光学精密工程, 2020, 28 (9): 1905-1912.

[137] 赵冬娥, 王思育, 马亚云, 等. 基于涡旋光与球面波干涉的微位移测量研究 [J]. 红外与激光工程, 2020, 49 (4): 6.

[138] Liu J, Zhang J, Liu J, et al. 1-Pbps orbital angular momentum fibre-optic transmission [J]. Light: Science & Applications, 2022, 11 (1): 202.

[139] Bouchal Z, Celechovsky R. Mixed vortex states of light as information carriers [J]. New Journal of Physics, 2004, 6 (1): 131.

[140] Čelechovský R, Bouchal Z. Optical implementation of the vortex information channel [J]. New Journal of Physics, 2007, 9: 328.

[141] Lin J, Yuan X, Tao S, et al. Diffraction and Gratings-Collinear superposition of multiple helical beams generated by a single azimuthally modulated phase-only element [J]. Optics Letters, 2005, 30 (24): 3266-3268.

[142] Celechovsky R, Bouchal Z. Design and testing of the phase mask for transfer of information by vortex beams [R]. In: 15th Czech-Polish-Slovak Conference on Wave and Quantum Aspects of Contemporary Optics, 2007: SPIE, 2007: 66090B-66096.

[143] Elechovsky R, Bouchal Z. Generation of variable mixed vortex fields by a single static hologram [J]. Journal of Modern Optics, 2006, 53 (4): 473-480.

[144] Bouchal Z, Haderka O, Celechovsky R. Selective excitation of vortex fiber modes using a spatial light modulator [J]. New Journal of Physics, 2005, 7: 125.

[145] Anguita J Ae. Characterization and advanced communication techniques for free-space

optical channels [J]. 2007.

[146] Xiaoming Z, Kahn J. Free-space optical communication through atmospheric turbulence channels [J]. IEEE Transactions on Communications, 2002, 50 (8): 1293-1300.

[147] Paterson C. Atmospheric Turbulence and Orbital Angular Momentum of Single Photons for Optical Communication [J]. Physical Review Letters, 2005, 94 (15): 153901-153904.

[148] Chu X. Propagation of a cosh-Gaussian beam through an optical system in turbulent atmosphere [J]. Optics Express, 2007, 15 (26): 17613-17618.

[149] Mazzaro G J. Analysis and simulation ofthe effects of atmospheric turbulence on optical wave propagation [J]. 2006.

[150] Cowan D. Effects of atmospheric turbulence on the propagation of flattened Gaussian optical beams [J]. Optical Engrneering, 2008, 47 (2): 026001. DOI: 10.1117/1.2844715.

[151] Noriega-Manez R J, Gutierrez-Vega J C. Rytov theory for Helmholtz-Gauss beams in turbulent atmosphere [J]. Optics Express, 2007, 15 (25): 16328-16341.

[152] Cai Y J. Propagation of various flat-topped beams in a turbulent atmosphere [J]. Journal of Optics A: Pure and Applied, 2006, 8 (6): 537.

[153] Yi-Xin Z, Ji C. Effects of turbulent aberrations on probability distribution of orbital angular momentum for optical communication [J]. Chinese Physics Letters, 2009, 26: 074220.

[154] Cheng W, Haus J W, Zhan Q. Propagation of scalar and vector vortex beams through turbulent atmosphere [J]. In: Atmospheric Propagation of Electromagnetic Waves III, 2009; San Jose, CA, USA: SPIE, 2009: 720004-720010.

[155] Andrews L. An analytical model for the refractive index power spectrum and its application to optical scintillations in the atmosphere [J]. Journal of Modern Optics. 1992, 39 (9): 1849-1853.

[156] Belmonte A. Feasibility study for the simulation of beam propagation: consideration of coherent lidar performance [J]. Applied Optics, 2000, 39 (30): 5426-5445.

[157] Johansson E, Gavel D. Simulation of stellar speckle imaging [J]. In: Proceeding of SPIE; 1994: 372.

[158] Coles W A, Filice J P, Frehlich R G, et al. Simulation of wave propagation in three-dimensional random media [J]. Applied Optics. 1995, 34 (12): 2089-2101.

[159] Paterson C. Atmospheric turbulence and free-space optical communication using orbital angular momentum of single photons [J]. In: John DG, Karin S, editors. Proceedings of SPIE, 2004: SPIE, 2004: 187-198.

[160] Zhang Y X, Zhao G Y, Xu J C, et al. Orbital angular momentum of single photons for optical communication in a slant path atmospheric turbulence [J]. In: Wang CX, Ouyang S, editors. WRI International Conference on Communications and Mobile Computing, 2009 Jan 06-08; Kunming, CHINA: IEEE Computer Soc, 2009: 477-481.

［161］ Gbur G, Tyson R K. Vortex beam propagation through atmospheric turbulence and topological charge conservation ［J］. Journal of the Optical Society of America a-Optics Image Science and Vision, 2008, 25 (1): 225-230.

［162］ Gbur G. The evolution of vortex beams in atmospheric turbulence-art. no. 687804 ［J］. Atmospheric Propagation of Electromagnetic Waves Ii, 2008, 6878: 687804-687804.

［163］ Tyler GA, Boyd RW. Influence of atmospheric turbulence on the propagation of quantum states of light carrying orbital angular momentum ［J］. Optics Letters, 2009, 34 (2): 142-144.

［164］ Aksenov V. Fluctuations of orbital angular momentum of vortex laser-beam in turbulent atmosphere ［J］. In: proceeding of SPIE, 2005: SPIE, 2005: 58921Y.

［165］ Aksenov V, Pogutsa C. Fluctuations of the orbital angular momentum of a laser beam, carrying an optical vortex, in the turbulent atmosphere ［J］. Quantum Electron, 2008, 38 (4): 343-348.

［166］ Zhu K C, Zhou G Q, Li X G, et al. Propagation of Bessel-Gaussian beams with optical vortices in turbulent atmosphere ［J］. Optics Express, 2008, 16 (26): 21315-21320.

［167］ Young C Y, Gilchrest Y V, Macon B R. Turbulence induced beam spreading of higher order mode optical waves ［J］. Optical Engineering, 2002, 41 (5): 1097-1103.

［168］ Konyaev P A, Lukin V P, Sennikov V A. Effect of phase fluctuations on propagation of the vortex beams ［J］. In: International Conference on Lasers, Applications, and Technologies 2007: Advanced Lasers and Systems, 2007; Minsk, Belarus: SPIE, 2007: 67311A-67316.

［169］ Willner A E, Wang J, Huang H. A Different Angle on Light Communications ［J］. Science, 2012, 337 (No. 6095): 655-656.

［170］ Wang J, Yang J Y, Fazal I M, et al. Terabit free-space data transmission employing orbital angular momentum multiplexing ［J］. Nature Photonics, 2012, 6 (No. 7): 488-496.

［171］ Jiang Y S, He Y T, Li F. Wireless Communications Using Millimeter-Wave Beams Carrying Orbital Angular Momentum ［J］. In: Wang CX, Ouyang S, editors. WRI International Conference on Communications and Mobile Computing, 2009 Jan 06-08; Kunming, PEOPLES R CHINA: Ieee Computer Soc, 2009: 495-500.

［172］ Jiang Y, He Y, Li F. Electromagnetic Orbital Angular Momentum in Remote Sensing ［J］. Progress In Electromagnetics Research Symposium Proceedings, 2009: 1330-1337.

［173］ Fabrizio T, Elettra M, Anna S, et al. Encoding many channels on the same frequency through radio vorticity: first experimental test ［J］. New Journal of Physics, 2012, 14 (3): 033001.

［174］ Tamburini F, Thidé B, Boaga V, et al. Experimental demonstration of free-space information transfer using phase modulated orbital angular momentum radio ［J］. Hep Websearch Hep, 2013.

［175］ Yan Y, Yue Y, Huang H, et al. Efficient generation and multiplexing of optical orbital angular momentum modes in a ring fiber by using multiple coherent inputs ［J］. Optics Letters, 2012, 37 （17）: 3645-3647.

［176］ Zhou JH. OAM states generation/detection based on the multimode interference effect in a ring core fiber ［J］. Optics Express, 2015, 23 （8）: 10247-10258.

［177］ Brand G. Generation of millimetre-wave beams with phase singularities ［J］. Journal of Modern Optics. 1997, 44 （6）: 1243-1248.

［178］ Lin J, Yuan X, Tao S, et al. Multiplexing free-space optical signals using superimposed collinear orbital angular momentum states ［J］. Applied Optics, 2007, 46 （21）: 4680-4685.

［179］ Brand GF. Phase singularities in beams ［J］. American Journal of Physics. 1999, 67 （1）: 55-60.

［180］ Brand G. The generation of phase singularities at millimetre wavelengths by the use of a blazed grating ［J］. Journal of Modern Optics. 1998, 45 （1）: 215-220.

［181］ Brand G. Millimeter-wave beams with phase singularities ［J］. Microwave Theory and Techniques, IEEE Transactions on. 1998, 46 （7）: 948-951.

［182］ Bai Y, Lv H, Fu X, et al. Vortex beam: generation and detection of orbital angular momentum ［Invited］ ［J］. Chinese Optics Letters, 2022, 20 （1）: 012601.

［183］ Beijersbergen M W, Coerwinkel R P C, Kristensen M, et al. Helical-wavefront laser beams produced with a spiral phaseplate ［J］. Optics Communications. 1994, 112 （5-6）: 321-327.

［184］ Turnbull G A, Robertson D A, Smith G M, et al. The generation of free-space Laguerre-Gaussian modes at millimetre-wave frequencies by use of a spiral phaseplate ［J］. Optics Communications. 1996, 127 （4-6）: 183-188.

［185］ Allen L, Courtial J, Padgett M. Matrix formulation for the propagation of light beams with orbital and spin angular momenta ［J］. Physical Review E. 1999, 60 （6）: 7497-7503.

［186］ Molina-Terriza G, Recolons J, Torner L. The curious arithmetic of optical vortices ［J］. Optics Letters, 2000, 25 （16）: 1135-1137.

［187］ Gonzalez N, Molina-Terriza G, Torres J P. How a Dove prism transforms the orbital angular momentum of a light beam ［J］. Optics Express, 2006, 14 （20）: 9093-9102.

［188］ Bekshaev A, Vasnetsov M, Denisenko V, et al. Transformation of the orbital angular momentum of a beam with optical vortex in an astigmatic optical system ［J］. Journal of Experimental and Theoretical Physics Letters, 2002, 75 （3）: 127-130.

［189］ Bekshaev A Y, Soskin M S, Vasnetsov M V. Transformation of higher-order optical vortices upon focusing by an astigmatic lens ［J］. Optics Communications, 2004, 241 （4-6）: 237-247.

［190］ Heckenberg N, McDuff R, Smith C, et al. Laser beams with phase singularities ［J］. Optical and Quantum Electronics. 1992, 24 （9）: 951-962.

［191］ Heckenberg N R, McDuff R, Smith C P, et al. Generation of optical phase singularities by computer-generated holograms ［J］. Optics Letters. 1992, 17（3）: 221.

［192］ Volyar A, Zhilaitis V, Fadeeva T, et al. Topological phase of optical vortices in few-mode fibers ［J］. Technical Physics Letters. 1998, 24（4）: 322-325.

［193］ Bazhenov V, Soskin M, Vasnetsov M. Screw Dislocations in Light Wavefronts ［J］. Journal of Modern Optics. 1992, 39（5）: 985-990.

［194］ Basistiy I, Soskin M, Vasnetsov M. Optical wavefront dislocations and their properties ［J］. Optics Communications. 1995, 119（5-6）: 604-612.

［195］ Miyamoto Y, Wada A, Ohtani T, et al. Holographic generation of laser beam with phase singularity ［C］. In: Lasers and Electro-Optics Europe, 2000. Conference on, 2000, 2000: 1.

［196］ Miyamoto Y, Masuda M, Wada A, et al. Electron-beam lithography fabrication of phase holograms to generate Laguerre-Gaussian beams ［C］. In: 1999: SPIE: 232.

［197］ He H, Heckenberg N, Rubinsztein-Dunlop H. Optical Particle Trapping with Higher-order Doughnut Beams Produced Using High Efficiency Computer Generated Holograms ［J］. Journal of Modern Optics. 1995, 42（1）: 217-223.

［198］ Arlt J, Dholakia K, Allen L, et al. The production of multiringed Laguerre-Gaussian modes by computer-generated holograms ［J］. Journal of Modern Optics. 1998, 45（6）: 1231-1237.

［199］ Fatemi F, Bashkansky M. Generation of hollow beams by using a binary spatial light modulator ［J］. Optics Letters, 2006, 31（7）: 864-866.

［200］ Ohtake Y, Ando T, Fukuchi N, et al. Universal generation of higher-order multiringed Laguerre-Gaussian beams by using a spatial light modulator ［J］. Optics Letters, 2007, 32（11）: 1411-1413.

［201］ Chen Y F, Lan Y P, Wang S C. Generation of Laguerre-Gaussian modes in fiber-coupled laser diode end-pumped lasers ［J］. Applied Physics B: Lasers and Optics, 2001, 72（2）: 167-170.

［202］ 吕乃光. 博里叶光学 ［M］. 北京: 机械工业出版社, 2006.

［203］ Soskin M, Vasnetsov M, Pas'ko V, et al. Optical vortex generated with an asymmetric forked grating ［J］. Journal of Optics, 2020, 22（10）.

［204］ 徐如林. 基于超表面光学元件的全息显示研究 ［D］. 合肥: 安徽大学, 2021.

［205］ 段昳晖. 基于超构表面的动态全息显示技术研究 ［D］. 北京: 中国科学院大学（中国科学院光电技术研究所）, 2021.

［206］ Li L, Zhao H, Liu C, et al. Intelligent metasurfaces: control, communication and computing ［J］. eLight, 2022, 2（1）: 7.

［207］ Mao N, Zhang G, Tang Y, et al. Nonlinear vectorial holography with quad-atom metasurfaces ［J］. Proceedings of the National Academy of Sciences, 2022, 119（22）: e2204418119.

［208］何文．基于超表面结构对光场调控的研究［D］．南京：南京邮电大学，2020．

［209］李国强，施宏宇，刘康，等．基于超表面的多波束多模态太赫兹涡旋波产生［J］．物理学报，2021，70（18）：188701-188701．

［210］吕浩然，白毅华，叶紫微，等．利用超表面的涡旋光束产生进展（特邀）［J］．红外与激光工程，2021，50（9）：62-77．

［211］孔祥林．基于超表面的涡旋电磁波产生及调控研究［D］．徐州：中国矿业大学，2021．

［212］Dorrah A H, Capasso F. Tunable structured light with flat optics［J］. Science, 2022, 376（6591）: eabi6860.

［213］Tyson R K, Scipioni M, Gbur G, et al. Production and propagation of a modulated optical vortex through atmospheric turbulence［J］. In: Atmospheric Propagation of Electromagnetic Waves III, 2009; San Jose, CA, USA: SPIE, 2009: 72000G-72007.

［214］Vickers J, Burch M, Vyas R, et al. Phase and interference properties of optical vortex beams［J］. Journal of the Optical Society of America a-Optics Image Science and Vision, 2008, 25（3）: 823-827.

［215］Harris M, Hill C, Tapster P, et al. Laser modes with helical wave fronts［J］. Physical Review A. 1994, 49（4）: 3119-3122.

［216］Dholakia K, Simpson N, Padgett M, et al. Second-harmonic generation and the orbital angular momentum of light［J］. Physical Review A. 1996, 54（5）: 3742-3745.

［217］Jain A. Development of an Orbital Angular Momentum Sorter for High Speed Data Transfer［J］. 2005.

［218］Gregorius C G, Berkhout, Beijersbergen M W. Method for Probing the Orbital Angular Momentum of Optical Vortices in Electromagnetic Waves from Astronomical Objects［J］. Physical Review Letters, 2008, 101（100801）: 1-4.

［219］Sztul H I, Alfano R R. Double-slit interference with Laguerre-Gaussian beams［J］. Optics Letters, 2006, 31（7）: 999-1001.

［220］Bekshaev A Y, Karamoch A I. Spatial characteristics of vortex light beams produced by diffraction gratings with embedded phase singularity［J］. Optics Communications, 2008, 281（6）: 1366-1374.

［221］Bekshaev A Y, Karamoch A I. Displacements and deformations of a vortex light beam produced by the diffraction grating with embedded phase singularity［J］. Optics Communications, 2008, 281（14）: 3597-3610.

［222］黎芳，江月松，欧军，等．涡旋光束与相位全息光栅不对准时的衍射特性研究［J］．物理学报，2011，60（8）：084201-084201-084208．

［223］Gradshteyn I S, M R I. Table Of Integrals, Series And Products（7Ed, Elsevier, 1220S）［J］. 2007.

［224］Li F, Jiang Y S, Tang H, et al. Influences of misaligned optical beam carrying orbital angular momentum on the information transfer［J］. Acta Physica Sinica, 2009, 58（9）:

6202-6209.

[225] 陈子阳, 张国文, 饶连周, 等. 杨氏双缝干涉实验测量涡旋光束的轨道角动量 [J]. 中国激光, 2008 (7): 1063-1067.

[226] Liu Y D, Gao C Q, Gao M W, et al. Superposition and detection of two helical beams for optical orbital angular momentum communication [J]. Optics Communications, 2008, 281 (14): 3636-3639.

[227] Padgett M. Optical vortices, angular momentum and Heisenberg's uncertainty relationship [J]. Complex Mediums V: Light and Complexity, 2004, 5508: 1-7.

[228] Bogush A, Jr., Elkins R. Gaussian field expansions for large aperture antennas [J]. Antennas and Propagation, IEEE Transactions on. 1986, 34 (2): 228-243.

[229] 杨春勇, 丁丽明, 侯金, 等. 拉盖尔-高斯光束拓扑荷复用测量的仿真 [J]. 激光与光电子学进展, 2016, 53 (9): 243-248.

[230] 李新忠, 吕芳捷, 王辉, 等. 拉盖尔-高斯光束拓扑荷值的三角孔测量 [J]. 河南科技大学学报 (自然科学版), 2015, 36 (4): 91-94.

[231] Gradshteyn I S, Ryzhik I M. Table of Integrals, Series, and Products [M]. Eighth Edition. Academic Press, 2014.

[232] 赵青松. 自由空间涡旋光通信检测技术研究 [D]. 长沙: 中国人民解放军国防科技大学, 2019.

[233] Werner S, Weiglhofer, Lakhtakia A. Introduction to complex mediums for optics and electromagnetics [J]. SPIE Press, 2003.

[234] Akhlesh Lakhtakia RM. Sculptured thin films: nanoengineered morphology and optics [J]. SPIE Press, 2005.

[235] 刘伯晗. 基于液晶空间光调制器的相干光波前实时变换的研究 [D]. 哈尔滨: 哈尔滨工业大学, 2007.

[236] Yura H T, Hanson S G. Optical beam wave propagation through complex optical systems [J]. J. Opt. Soc. Am. A. 1987, 4 (10): 1931-1948.

[237] Burch AGB. Matrix methods in optics [J]. New York: John Wiley & Sons., 1975.

[238] Amnon Yariv. 现代通信光电子学 [M]. 5 版. 陈鹤鸣, 施传华, 张力等译. 北京: 电子工业出版社, 2004.

[239] 卢亚雄, 吕百达. 矩阵光学 [M]. 大连: 大连理工大学出版社, 1989.

[240] Baues P. Huygens' principle in inhomogeneous, isotropic media and a general integral equation applicable to optical resonators [J]. Optical and Quantum Electronics, 1969, 1 (1): 37-44.

[241] Vasnetsov M, Pas'ko V, Soskin M. Analysis of orbital angular momentum of a misaligned optical beam [J]. New Journal of Physics, 2005, 7 (46): 1-17.

[242] Liu Y, Gao C, Qi X, et al. Orbital angular momentum (OAM) spectrum correction in free space optical communication [J]. Optics Express, 2008, 16 (10): 7091-7101.

[243] 宋正方. 应用大气光学基础 [M]. 北京: 气象出版社, 1990.

［244］张逸新，迟泽英．光波在大气中的传输与成像［M］.北京：国防工业出版社，1997.

［245］吴健，乐时晓．随机介质中的光传播理论［M］.成都：成都电讯工程学院出版社，1988.

［246］仓吉．湍流像差对大气通信会聚光束和光子轨道角动量的影响［D］.无锡：江南大学，2009.

［247］徐光勇．大气湍流中的激光传输数值模拟及其影响分析［J］.电子科技大学，2007.

［248］饶瑞中．光在湍流大气中的传播［M］.合肥：安徽科技出版社，2005.

［249］Wang F, Cai Y, Korotkova O. Partially coherent standard and elegant Laguerre-Gaussian beams of all orders［J］. Opt. Express, 2009, 17 (25): 22366-22379.

［250］Maleev I D, Swartzlander J G A. Composite optical vortices［J］. Journal of the Optical Society of America B, 2003, 20 (6): 1169-1176.

［251］Orlov S, Regelskis K, Smilgevi, et al. Propagation of Bessel beams carrying optical vortices［J］. Optics Communications, 2002, 209 (1-3): 155-165.

［252］Alieva T, Bastiaans M J. Transformation of the vortex part of the orbital angular momentum in first-order optical systems［C］. In: 5th Iberoamerican Meeting on Optics and 8th Latin American Meeting on Optics, Lasers, and Their Applications, 2004: SPIE 1138-1141.

［253］Cai Y, He S. Propagation of a Laguerre-Gaussian beam through a slightly misaligned paraxial optical system［J］. Applied Physics B: Lasers and Optics, 2006, 84 (3): 493-500.

［254］Singh R P, Roychowdhury S, Jaiswal V K. Wigner distribution of an optical vortex［J］. Journal of Modern Optics, 2006, 53 (12): 1803-1808.

［255］Seshadri S R. Virtual source for a Laguerre-Gauss beam［J］. Opt. Lett, 2002, 27 (21): 1872-1874.

［256］Simon R, Agarwal G S. Wigner representation of Laguerre-Gaussian beams［J］. Opt. Lett, 2000, 25 (18): 1313-1315.

［257］Rui-Zhong R. Scintillation index of optical wave propagating in turbulent atmosphere［J］. Chinese Physics B, 2009, 18 (2): 581-587.

［258］Chen B, Chen Z, Pu J. Propagation of partially coherent Bessel-Gaussian beams in turbulent atmosphere［J］. Optics and Laser Technology, 2008, 40 (6): 820-827.

［259］Wang T, Pu J, Chen Z. Propagation of partially coherent vortex beams in a turbulent atmosphere［J］. Optical Engineering, 2008, 47 (3): 036002-036005.

［260］Jiang Y S, Wang S H, Zhang J H, et al. Spiral spectrum of Laguerre-Gaussian beam propagation in non-Kolmogorov turbulence［J］. Optics Communications, 2013, 303: 38-41.

［261］Zhu Y, Zhang L-C, Hu Z-D, et al. Effects of non-Kolmogorov turbulence on the spiral spectrum of Hypergeometric-Gaussian laser beams［J］. Optics Express, 2015, 23 (7):

9137-9146.

[262] Ou J, Jiang Y S, Zhang J H, et al. Spreading of spiral spectrum of Bessel-Gaussian beam in non-Kolmogorov turbulence [J]. Optics Communications, 2014, 318: 95-99.

[263] Chen R P, Zhou G Q. Orbital angular momentum density and spiral spectrum of Lorentz-Gauss vortex beams diffracted by a rectangular aperture [J]. Journal of Modern Optics, 2017, 64 (18): 1876-1884.

[264] Yang Y J, Zhao Q, Liu L L, et al. Manipulation of Orbital-Angular-Momentum Spectrum Using Pinhole Plates [J]. Physical Review Applied, 2019, 12 (6): 064007.

[265] Zeng J, Liu X L, Zhao C L, et al. Spiral spectrum of a Laguerre-Gaussian beam propagating in anisotropic non-Kolmogorov turbulent atmosphere along horizontal path [J]. Optics Express, 2019, 27 (18): 25342-25356.

[266] 黎芳, 唐华, 江月松, 等. 拉盖尔-高斯光束在湍流大气中的螺旋谱特性 [J]. 物理学报, 2011, 60 (1): 014204-014201-014206.

[267] 张逸新, 汤敏霞, 陶纯堪. Partially coherent vortex beams propagation in a turbulent atmosphere [J]. Chinese Optics Letters, 2005, 3 (10): 559-561.

[268] Zhang M Y, Yang Y J. Tight focusing properties of anomalous vortex beams [J]. Optik, 2018, 154: 133-138.

[269] Zhang D J, Yang Y J. Radiation forces on Rayleigh particles using a focused anomalous vortex beam under paraxial approximation [J]. Optics Communications, 2015, 336 (336): 202-206.

[270] Yuan Y P, Yang Y J. Propagation of anomalous vortex beams through an annular apertured paraxial ABCD optical system [J]. Optical and Quantum Electronics, 2015, 47 (7): 2289-2297.

[271] Dai Z P, Yang Z J, Zhang S M, et al. Propagation of anomalous vortex beams in strongly nonlocal nonlinear media [J]. Optics Communications, 2015, 350: 19-27.

[272] Xu Y G, Wang S J. Characteristic study of anomalous vortex beam through a paraxial optical system [J]. Optics Communications, 2014, 331 (22): 32-38.

[273] Li F. Intensity and orbital angular momentum density of nonparaxial anomalous vortex beams [J]. Optik-International Journal for Light and Electron Optics, 2017, 147: 240-247.

[274] Yang Y J, Dong Y, Zhao C L, et al. Generation and propagation of an anomalous vortex beam [J]. Optics Letters, 2013, 38 (24): 5418-5421.

[275] Wang H Y, Wang H L, Xu Y X, et al. Intensity and polarization properties of the partially coherent Laguerre-Gaussian vector beams with vortices propagating through turbulent atmosphere [J]. Optics and Laser Technology, 2014, 56: 1-6.

[276] Xu Y G, Li Y D, Zhao X L. Intensity and effective beam width of partially coherent Laguerre-Gaussian beams through a turbulent atmosphere [J]. Journal of the Optical Society of America a-Optics Image Science and Vision, 2015, 32 (9): 1623-1630.

［277］ Mirhosseini M, Rodenburg B, Malik M, et al. Free-space communication through turbulence: a comparison of plane-wave and orbital-angular-momentum encodings ［J］. Journal of Modern Optics, 2014, (No. 1): 43-48.

［278］ Ou J, Hu M, Li F, et al. Average capacity of wireless optical links using Laguerre-Gaussian beam through non-Kolmogorov turbulence based on generalized modified atmospheric spectral model ［J］. Optics Communications, 2019, 452: 487-493.

［279］ McGlamery B. Restoration of turbulence-degraded images ［J］. Journal of the Optical Society of America. 1967, 57 (3): 293-296.

［280］ 王涛蒲, 饶连周. 部分相干涡旋光束在湍流大气中的传输特性 ［J］. 光学技术, 2007, 33: 4-9.

［281］ Li J H, Lu B D. Composite coherence vortices in superimposed partially coherent vortex beams and their propagation through atmospheric turbulence ［J］. Journal of Optics a-Pure and Applied Optics, 2009, 11 (7).

［282］ Rao L, Pu J. Focusing of Partially Coherent Vortex Beams by an Aperture Lens ［J］. Chinese Physics Letters, 2007, 24 (5): 1252.

［283］ Serna J, Movilla J. Orbital angular momentum of partially coherent beams ［J］. Optics Letters, 2001, 26 (7): 405-407.

［284］ Wang T, Pu J X, Chen Z Y. Generation and propagation of partially coherent vortex beams ［J］. Optoelectronics Letters, 2009, 5 (1): 77-80.

［285］ Bastiaans M. Wigner distribution in optics ［J］. Phase-Space Optics: Fundamenals and Applications: 1-44.

［286］ Gase R. Representation of Laguerre-Gaussian modes by the Wigner distribution function ［J］. Quantum Electronics, IEEE Journal of. 1995, 31 (10): 1811-1818.

［287］ VanValkenburgh M. Laguerre-Gaussian modes and the Wigner transform ［J］. Journal of Modern Optics, 2008, 55 (21): 3535-3547.

［288］ Alieva T, Bastiaans M J. Evolution of the vortex and the asymmetrical parts of orbital angular momentum in separable first-order optical systems ［J］. Optics Letters, 2004, 29 (14): 1587-1589.

［289］ Wang H, Wang H, Xu Y, et al. Intensity and polarization properties of the partially coherent Laguerre-Gaussian vector beams with vortices propagating through turbulent atmosphere ［J］. Optics & Laser Technology, 2014, 56: 1-6.

［290］ Zhao C, Cai Y. Trapping two types of particles using a focused partially coherent elegant Laguerre-Gaussian beam ［J］. Optics Letters, 2011, 36 (12): 2251-2253.

［291］ Wang F, Cai Y, Eyyubolu H T, et al. Average intensity and spreading of partially coherent standard and elegant Laguerre-Gaussian beams in turbulent atmosphere ［J］. Pier, 2010, 103 (4): 33-56.

［292］ Li F, Ou J, Chen R, et al. Propagation of anomalous vortex beams beyond the paraxial approximation ［J］. Optic, 2018, 174: 99-105.

［293］于继平，齐文宗，郭春凤，等. 激光大气传输特性的数值模拟［J］. 激光与红外，2008，38（6）：523-527.

［294］康小平，何仲. 激光光束质量评价概论［M］. 上海：上海科学技术文献出版社，2007.

［295］Cerjan A, Cerjan C. Orbital angular momentum of Laguerre-Gaussian beams beyond the paraxial approximation［J］. Journal of the Optical Society of America A, 2011, 28 (11)：2253-2260.

［296］Zhou G Q, Ru G Y. Orbital angular momentum density of an elegant laguerre-Gaussian beam［J］. Progress in Electromagnetics Research-Pier, 2013, 141：751-768.

［297］April A. Nonparaxial elegant Laguerre-Gaussian beams［J］. Optics Letters, 2008, 33 (12)：1392-1394.

［298］Ni Y Z, Zhou G Q. Nonparaxial propagation of an elegant Laguerre-Gaussian beam orthogonal to the optical axis of a uniaxial crystal［J］. Optics Express, 2012, 20 (15)：17160-17173.

［299］Mei Z, Gu J. Comparative studies of paraxial and nonparaxial vectorial elegant Laguerre-Gaussian beams［J］. Optics Express, 2009, 17 (17)：14865-14871.

［300］Qu J, Zhong Y L, Cui Z F, et al. Elegant Laguerre-Gaussian beam in a turbulent atmosphere［J］. Optics Communications, 2010, 283 (14)：2772-2781.

［301］Agrawal G P, Pattanayak D N. Gaussian beam propagation beyond the paraxial approximation［J］. Journal of the Optical Society of America, 1979, 69 (4)：575-578.